U0163018

"十四五"时期国家重点出版物出版专项规划项目

国家出版基金项目
NATIONAL PUBLICATION FOUNDATION

中国建造关键技术创新与应用丛书

城市综合管廊工程建造关键施工技术

肖绪文　蒋立红　张晶波　黄　刚　等　编

中国建筑工业出版社

图书在版编目（CIP）数据

城市综合管廊工程建造关键施工技术／肖绪文等编
. — 北京：中国建筑工业出版社，2023.12
（中国建造关键技术创新与应用丛书）
ISBN 978-7-112-29463-3

Ⅰ．①城… Ⅱ．①肖… Ⅲ．①市政工程－地下管道－
管道工程－工程施工 Ⅳ．①TU990.3

中国国家版本馆 CIP 数据核字（2023）第 244750 号

　　本书结合城市综合管廊工程建设情况，收集大量相关资料，对城市综合管廊的建设特点、施工技术、施工管理等进行系统、全面的统计，加以提炼，通过已建项目的施工经验，紧抓城市综合管廊的特点以及施工技术难点，从城市综合管廊的功能形态特征、关键施工技术、专项施工技术三个层面进行研究，形成一套系统的城市综合管廊建造技术，并遵循集成技术开发思路，围绕城市综合管廊建设，分篇章对其进行总结介绍，共包括 10 项关键技术、10 项专项技术，并且提供 8 个工程案例辅以说明。本书适合于建筑施工领域技术、管理人员参考使用。

责任编辑：张　磊　范业庶　万　李
责任校对：张　颖

中国建造关键技术创新与应用丛书
城市综合管廊工程建造关键施工技术
肖绪文　蒋立红　张晶波　黄　刚　等　编
*
中国建筑工业出版社出版、发行（北京海淀三里河路 9 号）
各地新华书店、建筑书店经销
北京红光制版公司制版
北京中科印刷有限公司印刷
*

开本：787 毫米×960 毫米　1/16　印张：14¾　字数：233 千字
2023 年 12 月第一版　2023 年 12 月第一次印刷
定价：**55.00** 元
ISBN 978-7-112-29463-3
（40662）

《城市综合管廊工程建造关键施工技术》
编 委 会

《中国建造关键技术创新与应用丛书》
编者的话

一、初心

"十三五"期间，我国建筑业改革发展成效显著，全国建筑业增加值年均增长 5.1%，占国内生产总值比重保持在 6.9% 以上。2022 年，全国建筑业总产值近 31.2 万亿元，房屋施工面积 156.45 亿 m^2，建筑业从业人数 5184 万人。建筑业作为国民经济支柱产业的作用不断增强，为促进经济增长、缓解社会就业压力、推进新型城镇化建设、保障和改善人民生活作出了重要贡献，中国建造也与中国创造、中国制造共同发力，不断改变着中国面貌。

建筑业在为社会发展作出巨大贡献的同时，仍然存在资源浪费、环境污染、碳排放高、作业条件差等显著问题，建筑行业工程质量发展不平衡不充分的矛盾依然存在，随着国民生活水平的快速提升，全面建成小康社会也对工程建设产品和服务提出了新的要求，因此，建筑业实现高质量发展更为重要紧迫。

众所周知，工程建造是工程立项、工程设计与工程施工的总称，其中，对于建筑施工企业，更多涉及的是工程施工活动。在不同类型建筑的施工过程中，由于工艺方法、作业人员水平、管理质量的不同，导致建筑品质总体不高、工程质量事故时有发生。因此，亟须建筑施工行业，针对各种不同类别的建筑进行系统集成技术研究，形成成套施工技术，指导工程实践，以提高工程品质，保障工程安全。

中国建筑集团有限公司（简称"中建集团"），是我国专业化发展最久、市场化经营最早、一体化程度最高、全球规模最大的投资建设集团。2022 年，中建集团位居《财富》"世界 500 强"榜单第 9 位，连续位列《财富》"中国 500 强"前 3 名，稳居《工程新闻记录》（ENR）"全球最大 250 家工程承包商"榜单首位,连续获得标普、穆迪、惠誉三大评级机构 A 级信用评级。近年来,随着我国城市化进程的快速推进和经济水平的迅速增长,中建集团下属各单位在航站楼、会展建筑、体育场馆、大型办公建筑、医院、制药厂、污水处理厂、居住建筑、建筑工程装饰装修、城市综合管廊等方面,承接了一大批国内外具有代表性的地标性工程,积累了丰富的施工管理经验,针对具体施工工艺,研究形成了许多卓有成效的新型施工技术,成果应用效果明显。然而,这些成果仍然分散在各个单位,应用水平参差不齐,难能实现资源共享,更不能在行业中得到广泛应用。

基于此,一个想法跃然而生:集中中建集团技术力量,将上述施工技术进行集成研究,形成针对不同工程类型的成套施工技术,可以为工程建设提供全方位指导和借鉴作用,为提升建筑行业施工技术整体水平起到至关重要的促进作用。

二、实施

初步想法形成以后,如何实施,怎样达到预期目标,仍然存在诸多困难:一是海量的工程数据和技术方案过于繁杂,资料收集整理工程量巨大;二是针对不同类型的建筑,如何进行归类、分析,形成相对标准化的技术集成,有效指导基层工程技术人员的工作难度很大;三是该项工作标准要求高,任务周期长,如何组建团队,并有效地组织完成这个艰巨的任务面临巨大挑战。

随着国家科技创新力度的持续加大和中建集团的高速发展,我们的想法得到了集团领导的大力支持,集团决定投入专项研发经费,对科技系统下达了针对"房屋建筑、污水处理和管廊等工程施工开展系列集成技术研究"的任务。

接到任务以后,如何出色完成呢?

首先是具体落实"谁来干"的问题。我们分析了集团下属各单位长期以来在该领域的技术优势,并在广泛征求意见的基础上,确定了"在集团总部主导下,以工程技术优势作为相应工程类别的课题牵头单位"的课题分工原则。具体分工是:中建八局负责航站楼;中建五局负责会展建筑;中建三局负责体育场馆;中建四局负责大型办公建筑;中建一局负责医院;中建二局负责制药厂;中建六局负责污水处理厂;中建七局负责居住建筑;中建装饰负责建筑装饰装修；中建集团技术中心负责城市综合管廊建筑。组建形成了由集团下属二级单位总工程师作课题负责人，相关工程项目经理和总工程师为主要研究人员，总人数达 300 余人的项目科研团队。

其次是确定技术路线，明确如何干的问题。通过对各类建筑的施工组织设计、施工方案和技术交底等指导施工的各类文件的分析研究发现，工程施工项目虽然千差万别，但同类技术文件的结构大多相同，内容的重复性大多占有主导地位，因此，对这些文件进行标准化处理，把共性技术和内容固化下来，这将使复杂的投标方案、施工组织设计、施工方案和技术交底等文件的编制变得相对简单。

根据之前的想法，结合集团的研发布局，初步确定该项目的研发思路为：全面收集中建集团及其所属单位完成的航站楼、会展建筑、体育场馆、大型办公建筑、医院、制药厂、污水处理厂、居住建筑、建筑工程装饰装修、城市综合管廊十大系列项目的所有资料，分析各类建筑的施工特点，总结其施工组织和部署的内在规律，提出该类建筑的技术对策。同时，对十大系列项目的施工组织设计、施工方案、工法等技术资源进行收集和梳理，将其系统化、标准化，以指导相应的工程项目投标和实施，提高项目运行的效率及质量。据此，针对不同工程特点选择适当的方案和技术是一种相对高效的方法，可有效减少工程项目技术人员从事繁杂的重复性劳动。

项目研究总体分为三个阶段：

第一阶段是各类技术资源的收集整理。项目组各成员对中建集团所有施工项目进行资料收集，并分类筛选。累计收集各类技术标文件 381 份，施工组织设计 269 份，项目施工图 206 套，施工方案 3564 篇，工法 547 项，专利 241 篇，论文若干，充分涵盖了十大类工程项目的施工技术。

第二阶段是对相应类型工程项目进行分析研究。由课题负责人牵头，集合集团专业技术人员优势能力，完成对不同类别工程项目的分析，识别工程特点难点，对关键技术、专项技术和一般技术进行分类，找出相应规律，形成相应工程实施的总体部署要点和组织方法。

第三阶段是技术标准化。针对不同类型工程项目的特点，对提炼形成的关键施工技术和专项施工技术进行系统化和规范化，对技术资料进行统一性要求，并制作相关文档资料和视频影像数据库。

基于科研项目层面，对课题完成情况进行深化研究和进一步凝练，最终通过工程示范，检验成果的可实施性和有效性。

通过五年多时间，各单位按照总体要求，研编形成了本套丛书。

三、成果

十年磨剑终成锋，根据系列集成技术的研究报告整理形成的本套丛书终将面世。丛书依据工程功能类型分为：航站楼、会展建筑、体育场馆、大型办公建筑、医院、制药厂、污水处理厂、居住建筑、建筑工程装饰装修、城市综合管廊十大系列，每一系列单独成册，每册包含概述、功能形态特征研究、关键技术研究、专项技术研究和工程案例五个章节。其中，概述章节主要介绍项目的发展概况和研究简介；功能形态特征研究章节对项目的特点、施工难点进行了分析；关键技术研究和专项技术研究章节针对项目施工过程中各类创新技术进行了分类总结提炼；工程案例章节展现了截至目前最新完成的典型工程项目。

1. 《航站楼工程建造关键施工技术》

随着经济的发展和国家对基础设施投资的增加，机场建设成为国家投资的重点，机场除了承担其交通作用外，往往还肩负着代表一个城市形象、体现地区文化内涵的重任。该分册集成了国内近十年绝大多数大型机场的施工技术，提炼总结了针对航站楼的 17 项关键施工技术、9 项专项施工技术。同时，形成省部级工法 33 项、企业工法 10 项，获得专利授权 36 项，发表论文 48 篇，收录典型工程实例 20 个。

针对航站楼工程智能化程度要求高、建筑平面尺寸大等重难点，总结了17 项关键施工技术：

- 装配式塔式起重机基础技术
- 机场航站楼超大承台施工技术
- 航站楼钢屋盖滑移施工技术

- 航站楼大跨度非稳定性空间钢管桁架"三段式"安装技术
- 航站楼"跨外吊装、拼装胎架滑移、分片就位"施工技术
- 航站楼大跨度等截面倒三角弧形空间钢管桁架拼装技术
- 航站楼大跨度变截面倒三角空间钢管桁架拼装技术
- 高大侧墙整体拼装式滑移模板施工技术
- 航站楼大面积曲面屋面系统施工技术
- 后浇带与膨胀剂综合用于超长混凝土结构施工技术
- 跳仓法用于超长混凝土结构施工技术
- 超长、大跨、大面积连续预应力梁板施工技术
- 重型盘扣架体在大跨度渐变拱形结构施工中的应用
- BIM机场航站楼施工技术
- 信息系统技术
- 行李处理系统施工技术
- 安检信息管理系统施工技术

针对屋盖造型奇特、机电信息系统复杂等特点，总结了9项专项施工技术：

- 航站楼钢柱混凝土顶升浇筑施工技术
- 隔震垫安装技术
- 大面积回填土注浆处理技术
- 厚钢板异形件下料技术
- 高强度螺栓施工、检测技术
- 航班信息显示系统（含闭路电视系统、时钟系统）施工技术
- 公共广播、内通及时钟系统施工技术
- 行李分拣机安装技术
- 航站楼工程不停航施工技术

2.《会展建筑工程建造关键施工技术》

随着经济全球化进一步加速，各国之间的经济、技术、贸易、文化等往来日益频繁，为会展业的发展提供了巨大的机遇，会展业涉及的范围越来越广，

规模越来越大,档次越来越高,在社会经济中的影响也越来越大。该分册集成了30余个会展建筑的施工技术,提炼总结了针对会展建筑的11项关键施工技术、12项专项施工技术。同时,形成国家标准1部、施工技术交底102项、工法41项、专利90项,发表论文129篇,收录典型工程实例6个。

针对会展建筑功能空间大、组合形式多、屋面造型新颖独特等特点,总结了11项关键施工技术:

- 大型复杂建筑群主轴线相关性控制施工技术
- 轻型井点降水施工技术
- 吹填砂地基超大基坑水位控制技术
- 超长混凝土墙面无缝施工及综合抗裂技术
- 大面积钢筋混凝土地面无缝施工技术
- 大面积钢结构整体提升技术
- 大跨度空间钢结构累积滑移技术
- 大跨度钢结构旋转滑移施工技术
- 钢骨架玻璃幕墙设计施工技术
- 拉索式玻璃幕墙设计施工技术
- 可开启式天窗施工技术

针对测量定位、大跨度(钢)结构、复杂幕墙施工等重难点,总结了12项专项施工技术:

- 大面积软弱地基处理技术
- 大跨度混凝土结构预应力技术
- 复杂空间钢结构高空原位散件拼装技术
- 穹顶钢—索膜结构安装施工技术
- 大面积金属屋面安装技术
- 金属屋面节点防水施工技术
- 大面积屋面虹吸排水系统施工技术
- 大面积异形地面铺贴技术

- 大空间吊顶施工技术
- 大面积承重耐磨地面施工技术
- 饰面混凝土技术
- 会展建筑机电安装联合支吊架施工技术

3.《体育场馆工程建造关键施工技术》

体育比赛现今作为国际政治、文化交流的一种依托，越来越受到重视，同时，我国体育事业的迅速发展，带动了体育场馆的建设。该分册集成了中建集团及其所属企业完成的绝大多数体育场馆的施工技术，提炼总结了针对体育场馆的16项关键施工技术、17项专项施工技术。同时，形成国家级工法15项、省部级工法32项、企业工法26项、专利21项，发表论文28篇，收录典型工程实例15个。

为了满足各项赛事的场地高标准需求（如赛场平整度、光线满足度、转播需求等），总结了16项关键施工技术：

- 复杂（异形）空间屋面钢结构测量及变形监测技术
- 体育场看台依山而建施工技术
- 大截面Y形柱施工技术
- 变截面Y形柱施工技术
- 高空大直径组合式V形钢管混凝土柱施工技术
- 异形尖劈柱施工技术
- 永久模板混凝土斜扭柱施工技术
- 大型预应力环梁施工技术
- 大悬挑钢桁架预应力拉索施工技术
- 大跨度钢结构滑移施工技术
- 大跨度钢结构整体提升技术
- 大跨度钢结构卸载技术
- 支撑胎架设计与施工技术
- 复杂空间管桁架结构现场拼装技术

- 复杂空间异形钢结构焊接技术
- ETFE 膜结构施工技术

为了更好地满足观赛人员的舒适度，针对体育场馆大跨度、大空间、大悬挑等特点，总结了 17 项专项施工技术：

- 高支模施工技术
- 体育馆木地板施工技术
- 游泳池结构尺寸控制技术
- 射击馆噪声控制技术
- 体育馆人工冰场施工技术
- 网球场施工技术
- 塑胶跑道施工技术
- 足球场草坪施工技术
- 国际马术比赛场施工技术
- 体育馆吸声墙施工技术
- 体育场馆场地照明施工技术
- 显示屏安装技术
- 体育场馆智能化系统集成施工技术
- 耗能支撑加固安装技术
- 大面积看台防水装饰一体化施工技术
- 体育场馆标识系统制作及安装技术
- 大面积无损拆除技术

4.《大型办公建筑工程建造关键施工技术》

随着现代城市建设和城市综合开发的大幅度前进，一些大城市尤其是较为开放的城市在新城区规划设计中，均加入了办公建筑及其附属设施（即中央商务区/CBD）。该分册全面收集和集成了中建集团及其所属企业完成的大型办公建筑的施工技术，提炼总结了针对大型办公建筑的 16 项关键施工技术、28 项专项施工技术。同时，形成适用于大型办公建筑施工的专利共 53 项、工法 12

项，发表论文 65 篇，收录典型工程实例 9 个。

针对大型办公建筑施工重难点，总结了 16 项关键施工技术：

- 大吨位长行程油缸整体顶升模板技术
- 箱形基础大体积混凝土施工技术
- 密排互嵌式挖孔方桩墙逆作施工技术
- 无粘结预应力抗拔桩桩侧后注浆技术
- 斜扭钢管混凝土柱抗剪环形梁施工技术
- 真空预压＋堆载振动碾压加固软弱地基施工技术
- 混凝土支撑梁减振降噪微差控制爆破拆除施工技术
- 大直径逆作板墙深井扩底灌注桩施工技术
- 超厚大斜率钢筋混凝土剪力墙爬模施工技术
- 全螺栓无焊接工艺爬升式塔式起重机支撑牛腿支座施工技术
- 直登顶模平台双标准节施工电梯施工技术
- 超高层高适应性绿色混凝土施工技术
- 超高层不对称钢悬挂结构施工技术
- 超高层钢管混凝土大截面圆柱外挂网抹浆防护层施工技术
- 低压喷涂绿色高效防水剂施工技术
- 地下室梁板与内支撑合一施工技术

为了更好利用城市核心区域的土地空间，打造高端的知名品牌，大型办公建筑一般为高层或超高层项目，基于此，总结了 28 项专项施工技术：

- 大型地下室综合施工技术
- 高精度超高测量施工技术
- 自密实混凝土技术
- 超高层导轨式液压爬模施工技术
- 厚钢板超长立焊缝焊接技术
- 超大截面钢柱陶瓷复合防火涂料施工技术
- PVC 中空内模水泥隔墙施工技术

- 附着式塔式起重机自爬升施工技术

- 超高层建筑施工垂直运输技术

- 管理信息化应用技术

- BIM 施工技术

- 幕墙施工新技术

- 建筑节能新技术

- 冷却塔的降噪施工技术

- 空调水蓄冷系统蓄冷水池保温、防水及均流器施工技术

- 超高层高适应性混凝土技术

- 超高性能混凝土的超高泵送技术

- 超高层施工期垂直运输大型设备技术

- 基于 BIM 的施工总承包管理系统技术

- 复杂多角度斜屋面复合承压板技术

- 基于 BIM 的钢结构预拼装技术

- 深基坑旧改项目利用旧地下结构作为支撑体系换撑快速施工技术

- 新型免立杆铝模支撑体系施工技术

- 工具式定型化施工电梯超长接料平台施工技术

- 预制装配化压重式塔式起重机基础施工技术

- 复杂异形蜂窝状高层钢结构的施工技术

- 中风化泥质白云岩大筏板基础直壁开挖施工技术

- 深基坑双排双液注浆止水帷幕施工技术

5.《医院工程建造关键施工技术》

由于我国医疗卫生事业的发展，许多医院都先后进入"改善医疗环境"的建设阶段，各地都在积极改造原有医院或兴建新型的现代医疗建筑。该分册集成了中建集团及其所属企业完成的医院的施工技术，提炼总结了针对医院的 7 项关键施工技术、7 项专项施工技术。同时，形成工法 13 项，发表论文 7 篇，收录典型工程实例 15 个。

针对医院各功能板块的使用要求，总结了7项关键施工技术：

- 洁净施工技术
- 防辐射施工技术
- 医院智能化控制技术
- 医用气体系统施工技术
- 酚醛树脂板干挂法施工技术
- 橡胶卷材地面施工技术
- 内置钢丝网架保温板（IPS板）现浇混凝土剪力墙施工技术

针对医院特有的洁净要求及通风光线需求，总结了7项专项施工技术：

- 给水排水、污水处理施工技术
- 机电工程施工技术
- 外墙保温装饰一体化板粘贴施工技术
- 双管法高压旋喷桩加固抗软弱层位移施工技术
- 构造柱铝合金模板施工技术
- 多层钢结构双向滑动支座安装技术
- 多曲神经元网壳钢架加工与安装技术

6. 《制药厂工程建造关键施工技术》

随着人民生活水平的提高，对药品质量的要求也日益提高，制药厂越来越多。该分册集成了15个制药厂的施工技术，提炼总结了针对制药厂的6项关键施工技术、4项专项施工技术。同时，形成论文和总结18篇、施工工艺标准9篇，收录典型工程实例6个。

针对制药厂高洁净度的要求，总结了6项关键施工技术：

- 地面铺贴施工技术
- 金属壁施工技术
- 吊顶施工技术
- 洁净环境净化空调技术
- 洁净厂房的公用动力设施

●洁净厂房的其他机电安装关键技术

针对洁净环境的装饰装修、机电安装等功能需求，总结了 4 项专项施工技术：

●洁净厂房锅炉安装技术

●洁净厂房污水、有毒液体处理净化技术

●洁净厂房超精地坪施工技术

●制药厂防水、防潮技术

7.《污水处理厂工程建造关键施工技术》

节能减排是当今世界发展的潮流，也是我国国家战略的重要组成部分，随着城市污水排放总量逐年增多，污水处理厂也越来越多。该分册集成了中建集团及其所属企业完成的污水处理厂的施工技术，提炼总结了针对污水处理厂的13 项关键施工技术、4 项专项施工技术。同时，形成国家级工法 3 项、省部级工法 8 项，申请国家专利 14 项，发表论文 30 篇，完成著作 2 部，QC 成果获国家建设工程优秀质量管理小组 2 项，形成企业标准 1 部、行业规范 1 部，收录典型工程实例 6 个。

针对不同污水处理工艺和设备，总结了 13 项关键施工技术：

●超大面积、超薄无粘结预应力混凝土施工技术

●异形沉井施工技术

●环形池壁无粘结预应力混凝土施工技术

●超高独立式无粘结预应力池壁模板及支撑系统施工技术

●顶管施工技术

●污水环境下混凝土防腐施工技术

●超长超高剪力墙钢筋保护层厚度控制技术

●封闭空间内大方量梯形截面素混凝土二次浇筑施工技术

●有水管道新旧钢管接驳施工技术

●乙丙共聚蜂窝式斜管在沉淀池中的应用技术

●滤池内滤板模板及曝气头的安装技术

- 水工构筑物橡胶止水带引发缝施工技术

- 卵形消化池综合施工技术

为了满足污水处理厂反应池的结构要求，总结了 4 项专项施工技术：

- 大型露天水池施工技术

- 设备安装技术

- 管道安装技术

- 防水防腐涂料施工技术

8.《居住建筑工程建造关键施工技术》

在现代社会的城市建设中，居住建筑是占比最大的建筑类型，近年来，全国城乡住宅每年竣工面积达到 12 亿～14 亿 m^2，投资额接近万亿元，约占全社会固定资产投资的 20%。该分册集成了中建集团及其所属企业完成的居住建筑的施工技术，提炼总结了居住建筑的 13 项关键施工技术、10 项专项施工技术。同时，形成国家级工法 8 项、省部级工法 23 项；申请国家专利 38 项，其中发明专利 3 项；发表论文 16 篇；收录典型工程实例 7 个。

针对居住建筑的分部分项工程，总结了 13 项关键施工技术：

- SI 住宅配筋清水混凝土砌块砌体施工技术

- SI 住宅干式内装系统墙体管线分离施工技术

- 装配整体式约束浆锚剪力墙结构住宅节点连接施工技术

- 装配式环筋扣合锚接混凝土剪力墙结构体系施工技术

- 地源热泵施工技术

- 顶棚供暖制冷施工技术

- 置换式新风系统施工技术

- 智能家居系统

- 预制保温外墙免支模一体化技术

- CL 保温一体化与铝模板相结合施工技术

- 基于铝模板爬架体系外立面快速建造施工技术

- 强弱电箱预制混凝土配块施工技术

- 居住建筑各功能空间的主要施工技术

10项专项施工技术包括：

- 结构基础质量通病防治
- 混凝土结构质量通病防治
- 钢结构质量通病防治
- 砖砌体质量通病防治
- 模板工程质量通病防治
- 屋面质量通病防治
- 防水质量通病防治
- 装饰装修质量通病防治
- 幕墙质量通病防治
- 建筑外墙外保温质量通病防治

9.《建筑工程装饰装修关键施工技术》

随着国民消费需求的不断升级和分化，我国的酒店业正在向着更加多元的方向发展，酒店也从最初的满足住宿功能阶段发展到综合提升用户体验的阶段。该分册集成了中建集团及其所属企业完成的高档酒店装饰装修的施工技术，提炼总结了建筑工程装饰装修的7项关键施工技术、7项专项施工技术。同时，形成工法23项；申请国家专利15项，其中发明专利2项；发表论文9篇；收录典型工程实例14个。

针对不同装饰部位及工艺的特点，总结了7项关键施工技术：

- 多层木造型艺术墙施工技术
- 钢结构玻璃罩扣幻光穹顶施工技术
- 整体异形（透光）人造石施工技术
- 垂直水幕系统施工技术
- 高层井道系统轻钢龙骨石膏板隔墙施工技术
- 锈面钢板施工技术
- 隔振地台施工技术

为了提升住户体验，总结了 7 项专项施工技术：

- 地面工程施工技术
- 吊顶工程施工技术
- 轻质隔墙工程施工技术
- 涂饰工程施工技术
- 裱糊与软包工程施工技术
- 细部工程施工技术
- 隔声降噪施工关键技术

10. 《城市综合管廊工程建造关键施工技术》

为了提高城市综合承载力，解决城市交通拥堵问题，同时方便电力、通信、燃气、供排水等市政设施的维护和检修，城市综合管廊越来越多。该分册集成了中建集团及其所属企业完成的城市综合管廊的施工技术，提炼总结了10 项关键施工技术、10 项专项施工技术，收录典型工程实例 8 个。

针对城市综合管廊不同的施工方式，总结了 10 项关键施工技术：

- 模架滑移施工技术
- 分离式模板台车技术
- 节段预制拼装技术
- 分块预制装配技术
- 叠合预制装配技术
- 综合管廊盾构过节点井施工技术
- 预制顶推管廊施工技术
- 哈芬槽预埋施工技术
- 受限空间管道快速安装技术
- 预拌流态填筑料施工技术

10 项专项施工技术包括：

- U 形盾构施工技术
- 两墙合一的预制装配技术

- 大节段预制装配技术

- 装配式钢制管廊施工技术

- 竹缠绕管廊施工技术

- 喷涂速凝橡胶沥青防水涂料施工技术

- 火灾自动报警系统安装技术

- 智慧线＋机器人自动巡检系统施工技术

- 半预制装配技术

- 内部分舱结构施工技术

四、感谢与期望

该项科技研发项目针对十大类工程形成的系列集成技术，是中建集团多年来经验和优势的体现，在一定程度上展示了中建集团的综合技术实力和管理水平。

不忘初心，牢记使命。希望通过本套丛书的出版发行，一方面可帮助企业减轻投标文件及实施性技术文件的编制工作量，提升效率；另一方面为企业生产专业化、管理标准化提供技术支撑，进而逐步改变施工企业之间技术发展不均衡的局面，促进我国建筑业高质量发展。

在此，非常感谢奉献自己研究成果，并付出巨大努力的相关单位和广大技术人员，同时要感谢在系列集成技术研究成果基础上，为编撰本套丛书提供支持和帮助的行业专家。我们愿意与各位行业同仁一起，持续探索，为中国建筑业的发展贡献微薄之力。

考虑到本项目研究涉及面广，研究时间持续较长，研究人员变化较大，研究水平也存在较大差异，我们在出版前期尽管做了许多完善凝练的工作，但还是存在许多不尽如意之处，诚请业内专家斧正，我们不胜感激。

编委会

北京　2023 年

前　言

综合管廊的建设规模，是衡量一座城市乃至一个国家基础设施建设水平的重要标志之一。在发达国家，综合管廊已经存在了一个多世纪，而我国综合管廊历史始于1958年敷设的北京市天安门广场下的第一条管廊。我国综合管廊建设经过几十年的酝酿，直到2015年才开始大规模建设。截至2020年我国已建和在建管廊6151km，《全国城市市政基础设施建设"十三五"规划》提出"十三五"期间建设地下管廊8000km以上，而2016—2019年我国地下管廊建设长度仅为4200km，预期"十四五"期间我国地下管廊建设长度将加速推进，每年都将以近2000km的规模发展，最终将达到12000km的规模，我国即将成为名副其实的城市综合管廊超级大国。

随着综合管廊的建设发展，其建设投资模式经历了诸多变化。发展初期，主要是由政府出资建设，后来出现了EPC、BT等模式，《国务院办公厅关于推进城市地下综合管廊建设的指导意见》（国办发〔2015〕61号）提出了以PPP模式大力推进综合管廊建设，之后大量建设的综合管廊项目基本上都是PPP项目，约占总项目数量的75%。但是随着综合管廊的理性发展和建设大环境的改变，PPP模式受到了极大的约束和限制，目前的综合管廊建设以施工总承包模式为主。最近，《国务院关于印发扎实稳住经济一揽子政策措施的通知》（国发〔2022〕12号）提出，要因地制宜继续推进城市地下综合管廊建设，加快明确入廊收费政策，多措并举解决投融资受阻问题。在国家宏观政策的激励和调整下，综合管廊的建设发展将会越来越规范、可持续。

在综合管廊建造方面，当前仍以模板散支散拼的混凝土全现浇施工技术为主，但是随着综合管廊工程规模越来越大，综合管廊设计标准逐渐统一和完善，新型绿色、快速施工方法不断涌现和发展，如分块式、节段式、叠合式装配管廊施工技术。随着城市区域内综合管廊施工难度越来越大，部分先进的地下工程修建方法被借鉴过来，如盾构法、顶管法、浅埋暗挖法及矿山法等。随着新型材料的研发，出现了竹缠绕管廊，同时将预拌流态填筑料、喷涂速凝橡胶沥青防水涂料等应用到了管廊建设过程中。也有针对工程特点专门研发的施工技术，如 U 形盾构施工技术、两墙合一的预制装配技术以及大节段预制装配技术等。此外，还有大量在实践过程中研发的创新技术逐渐被普及应用，如哈芬槽预埋施工技术、各类模架台车施工技术、机器人巡检及运维管理平台等。总体来讲，新技术、新设备的不断发展，极大地促进了我国综合管廊建设高质量发展。

本书从综合管廊的建设现状、发展趋势入手，重点论述了综合管廊施工的关键技术、专项技术和典型案例，力求为全国的综合管廊从业者提供一套综合管廊施工技术手册。

在本书的编写过程中，得到了中国建筑股份有限公司首席专家肖绪文院士的大力支持，也得到了各位参编者在繁忙的工作之余的全力支持，在此一并表示真诚的感谢！

因为最近几年管廊的飞速发展，新技术、新产品、新工艺的不断出现，以及作者的水平有限，书中难免存在错误和疏漏，敬请专家、同行和读者批评指正，以便我们在后期再版时进行修改完善。

目　　录

1 概述 ……………………………………………………………… 1
  1.1 建设发展历程 …………………………………………… 1
  1.2 建设发展现状 …………………………………………… 3
  1.3 重大技术进展…………………………………………… 11
  1.4 典型工程及指标记录…………………………………… 13
  1.5 未来发展趋势…………………………………………… 14

2 功能形态特征研究……………………………………………… 16
  2.1 城市综合管廊的主要特点……………………………… 16
  2.2 城市综合管廊功能分区………………………………… 17
  2.3 城市综合管廊主要结构形式…………………………… 19
  2.4 城市综合管廊施工的特点和难点……………………… 21

3 关键技术研究…………………………………………………… 22
  3.1 模架滑移施工技术……………………………………… 22
  3.2 分离式模板台车技术…………………………………… 27
  3.3 节段预制拼装技术……………………………………… 38
  3.4 分块预制装配技术……………………………………… 48
  3.5 叠合预制装配技术……………………………………… 53
  3.6 综合管廊盾构过节点井施工技术……………………… 69
  3.7 预制顶推管廊施工技术………………………………… 71
  3.8 哈芬槽预埋施工技术…………………………………… 78
  3.9 受限空间管道快速安装技术…………………………… 83
  3.10 预拌流态填筑料施工技术 …………………………… 89

4 专项技术研究 ·· 96

　4.1 U形盾构施工技术 ····································· 96

　4.2 两墙合一的预制装配技术 ···························· 105

　4.3 大节段预制装配技术 ······························· 112

　4.4 装配式钢制管廊施工技术 ···························· 119

　4.5 竹缠绕管廊施工技术 ······························· 126

　4.6 喷涂速凝橡胶沥青防水涂料施工技术 ·················· 133

　4.7 火灾自动报警系统安装技术 ·························· 139

　4.8 智慧线＋机器人自动巡检系统施工技术 ················ 145

　4.9 半预制装配技术 ··································· 154

　4.10　内部分舱结构施工技术 ···························· 161

5 工程案例 ·· 167

　5.1 西安市地下综合管廊建设 PPP 项目Ⅰ标段 ··············· 167

　5.2 十堰市地下综合管廊 PPP 项目 ······················ 172

　5.3 六盘水市地下综合管廊一期工程 ····················· 185

　5.4 沈阳市地下综合管廊（南运河段）工程 ················ 189

　5.5 北京大兴国际机场配套综合管廊工程 ·················· 196

　5.6 西宁市综合管廊Ⅰ标段 ····························· 199

　5.7 绵阳科技城集中发展区核心区综合管廊工程 ············· 202

　5.8 郑州经济技术开发区滨河国际新城综合管廊工程 ·········· 206

24

1 概　　述

我国的城市综合管廊建设经过几十年的酝酿，到 2015 年才开始了井喷式的发展，是有其历史和社会背景的。本书以大量的工程案例为依托，结合笔者近几年的专项研究，详细介绍了综合管廊在我国的发展历程，重点分析了在建设管理、规划设计、施工和运营管理方面的建设发展现状，并对未来几年的发展趋势进行了预测，以期对我国的综合管廊建设做一个全面的梳理。

1.1　建　设　发　展　历　程

1.1.1　发展阶段

我国的城市综合管廊建设，从 1958 年北京市天安门广场下的第一条管廊开始，经历了四个发展阶段。

概念阶段（1978 年以前）：国外的一些关于综合管廊的先进经验传到我国，但由于特殊的历史时期使得城市基础设施的发展停滞不前。而且由于我国的设计单位编制较混乱，几个大城市的市政设计单位只能在消化国外已有设计成果的同时摸索着完成设计工作，个别地区如北京和上海做了部分试验段。

争议阶段（1978—2000 年）：随着改革开放的逐步推进和城市化进程的加快，城市基础设施建设逐步完善和提高，但是由于局部利益和全局利益的冲突等原因，尽管众多知名专家呼吁管线综合，但实施仍极其困难。在此期间，一些发达地区开始尝试管线综合，建设了一些综合管廊项目，有些项目初具规模且正规运营起来。

快速发展阶段（2000—2010 年）：伴随着当今城市经济建设的快速发展以

及城市人口的膨胀，为适应城市发展和建设的需要，结合前一阶段消化的知识和积累的经验，我国的科技工作者和专业技术人员针对管线综合技术进行了理论研究和实践工作，完成了一大批大中城市的城市管线综合规划设计和建设工作。

赶超和创新阶段（2011—2017年）：由于政府的强力推动，在住房和城乡建设部做了大量调研工作的基础上，国务院连续发布了一系列的法规，鼓励和提倡社会资本参与到城市基础设施特别是综合管廊的建设上来，我国的综合管廊建设开始呈现蓬勃发展的趋势，大大拉动了国民经济的发展。从建设规模和建设水平来看，已经超越了欧美发达国家，成为综合管廊的超级大国。

2018年以后，我国的综合管廊建设进入有序推进阶段，要求各个城市根据当地实际情况编制更加合理的综合管廊规划，制订切实可行的建设计划，有序推进综合管廊的建设。

1.1.2 发展规模

经过前期漫长的概念和争议阶段，在东部沿海及华南经济发达城市不断摸索，我国相继建设了大批管廊工程，截至2020年我国已建和在建管廊6151km。《全国城市市政基础设施建设"十三五"规划》提出"十三五"期间建设地下综合管廊8000km以上，而2016—2019年我国地下管廊建设长度仅为4200km，预期"十四五"期间我国地下管廊长度将加速推进，每年都将以近2000km的规模发展，最终将达到12000km的规模，我国即将成为名副其实的城市综合管廊超级大国。

1.1.3 政策法规

早在2005年建设部在其工作要点中就提出："研究制定地下管线综合建设和管理的政策，减少道路重复开挖率，推广共同沟和地下管廊建设和管理经验"；同时2006年作为国家"十一五"科技支撑计划就开始进行《城市市政工程综合管廊技术研究与开发》项目的研究；后来为了配合城市综合管廊的建设，国务

2

院、住房和城乡建设部、财政部、国家发展和改革委员会等部委相继颁布了一系列的政策法规，从规划编制、建设区域、科技支撑、投融资、入廊收费等方面给出了详细的指导意见，对我国的综合管廊建设具有极其重要的推动作用。

1.1.4 建设标准

随着综合管廊建设的蓬勃发展，综合管廊的相关标准制定也随之得到了快速发展。已经颁布实施的国家标准有四部：《城市综合管廊工程技术规范》GB 50838—2015（2012 年制定，2015 年修编，目前最新的局部修编稿已经完成，待发布）、《城镇综合管廊监控与报警系统工程技术标准》GB/T 51274—2017、《城市地下综合管廊运行维护及安全技术标准》GB 51354—2019、《城市综合管廊运营服务规范》GB/T 38550—2020。另外，大量的团体标准和地方标准陆续颁布实施，中国市政工程协会还发布了城市综合管廊团体标准体系。这些标准的编制和颁布实施，为我国综合管廊的建设提供了必要的技术支撑，发挥了重要的作用。

1.2 建设发展现状

1.2.1 建设模式的发展

最早的综合管廊建设主要分为三种类型：一是为了解决重要节点的交通问题，如北京天安门广场和天津新客站综合管廊项目；二是为了特定区域的功能需要，如广州大学城、上海世博园等综合管廊项目；三是为了城市的发展需要以及探索综合管廊建设经验，如上海张杨路等综合管廊项目这些都是政府直接出资的施工总承包项目，约占目前总项目数量的 15%。

由于综合管廊的建设特点，后来出现了诸多 EPC（设计-采购-施工一体化）模式和个别 BT（建设-移交）模式建设的综合管廊项目，如海南三亚海榆东路综合管廊 EPC 项目、珠海横琴管廊 BT 项目，这些项目约占总项目数量的 10%。

2014 年《国务院关于创新重点领域投融资机制鼓励社会投资的指导意见》（国发〔2014〕60 号）中提出：积极推动社会资本参与市政基础设施建设运营，其中提出以 TOT（转让-运营-转让）模式建设城市综合管廊。但这项措施还没有定论的时候，紧接着《国务院办公厅关于推进城市地下综合管廊建设的指导意见》（国办发〔2015〕61 号）就提出了以 PPP（政府和社会资本合作）模式推进综合管廊建设，之后大量建设的综合管廊项目基本上都是 PPP 项目，约占总项目数量的 75%。

由于综合管廊 PPP 项目的建设规模越来越大，且 SPV 公司（项目公司）的组成复杂和收益不确定，其实施主体基本上都是中建、中冶、中铁等几大央企，虽然国家一直鼓励社会资本进入综合管廊市场，但是由于种种原因，极少有民营企业进入。

随着综合管廊的理性发展和建设大环境的改变，PPP 模式受到较大的约束和限制，目前的综合管廊建设以施工总承包模式为主。

1.2.2 规划设计的发展

近几年综合管廊建设项目数量越来越多，建设规模越来越大，给规划设计带来了严峻的挑战。虽然出现了很多成功的案例，但总体来看，规划设计的总体状况是：任务不少、规划不严、规范不足、方式不一。具体体现在以下几个方面：

（1）任务饱满，人员不足，水平参差不齐。

2015 年以来，综合管廊项目迅猛增加，设计任务饱满，但从事过综合管廊设计的单位和人员严重不足，设计水平也有待提高；除了上海市政工程设计研究总院（集团）有限公司、北京城建设计研究院有限公司等较早开展综合管廊规划设计的设计院外，其他市政设计院及各大建筑设计院纷纷招兵买马，加强培训，相继进入综合管廊市场。

（2）上位规划缺失导致综合管廊规划无据可依。

在城市综合管廊规划的上位规划中，城市总体规划带有很强的行政特点，同时很多城市的整体规划时间已到亟待修编的节点；进行地下空间规划的城市很少；片区控制规划、轨道交通规划、管线专项规划、道路建设规划等有的城市根本没有，有的容量不足；加之建设指标层层下达，造成了城市综合管廊规划无据可依、分散孤立的情况。

（3）标准化体系还未建立，标准化尚有很远的路要走。

已经颁布实施的《城市综合管廊工程技术规范》GB 50838 虽然在 2015 年进行了修编，但是在很多方面具体实施起来还非常困难，特别是原来直埋环境下的各自管线施工验收规范在综合管廊环境下是否适合还需要推敲。另外，断面设计标准化、节点设计标准化、附属设施标准化、防水设计标准化在综合管廊的建设中极其重要，但此项工作任重而道远，它需要大量的工程设计实践和大量的人力投入，否则只能是为了标准而标准。

（4）防水设计是否合适争议很大。

相关规范中规定城市综合管廊本体使用寿命为 100 年，但考虑到使用环境的问题，将防水等级设计为二级。但已运营项目渗漏水的现象比较严重（占50％～60％），且综合管廊内管线特别是电信电力管线对防水的要求也比较高，防水质量如何保证目前存在很大争议。

1.2.3 土建施工的发展

综合管廊工程的埋深和断面尺寸介于地铁工程和市政管涵工程之间，总体来讲施工技术难度不大，但单个综合管廊项目的体量越来越大，综合管廊建设有其独特的特点。经过近几年的不断发展，出现了越来越多的创新技术和设备，总体状况可以总结为：现浇为主、滑模为辅、预制方兴、设备重用。具体体现在以下几个方面：

（1）散支散拼的支架现浇技术仍占主导地位。

在综合管廊本体结构施工方面仍是常规的模板散支散拼的混凝土全现浇施工技术占主导地位，一方面是因为这种技术已经非常成熟，技术难度也比较低；另一方面是由于工期太紧，施工技术人员无暇研究新的技术。但是这种全现浇技术存在很多问题，如混凝土外观质量较难控制，模板、脚手架和人工等资源投入太多，同时侧墙和顶板一起浇筑后由于顶板拆模时间的问题无法进行快速作业。

（2）定型大模板＋组合支架整体滑移技术得到快速发展。

由于全现浇存在质量难控制、资源投入大、施工周期长的缺点，一线作业人员开始研究如何快速低成本高质量地完成结构施工。经过大家的努力，相继出现了多种形式的滑模施工技术，如单舱可移动模板（图1-1）、多舱移动模板台架（图1-2）、多舱模板台车（图1-3）、液压滑模等，在多个项目的工程实践中取得了良好的效果。

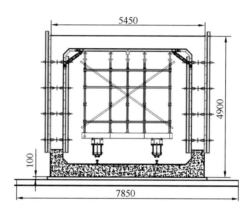

图1-1　单舱可移动模板

图1-2　多舱移动模板台架

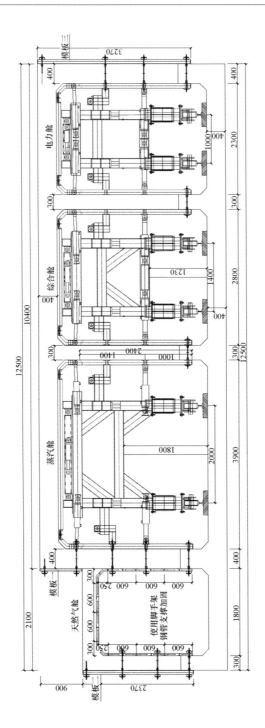

图 1-3 多舱模板台车

（3）不同条件下的预制装配技术大行其道。

地上的建筑工业化正开展得如火如荼，地下工程特别是综合管廊的预制装配技术也得到了快速发展，在国内工程实践中出现了多种预制装配技术（图1-4），这些技术各有其适用范围和技术特点，项目要根据自身实际工程特点和要求适当选用。

图1-4　城市综合管廊预制装配技术演变过程

（4）顶管、盾构技术已开始在繁华城区崭露头角。

随着综合管廊的建设规模越来越大，其施工环境也越来越复杂，特别是在繁华城区施工，越来越多地用到了盾构和顶管技术。目前应用盾构法施工综合管廊的城市和地区有曹妃甸、济宁、沈阳、成都、西安以及苏州，但是盾构管廊有其明显的优点和缺点，优点就是施工速度快、地层适应性强，适合复杂的城区施工，但是其多数是圆形的，断面利用率非常低，管线全部入廊造成其盾构直径越来越大，而且综合管廊每隔200～300m设置的工艺井施工难度也比较大。顶管技术由于其一次顶进距离较短（目前的记录为苏州城北路管廊元和塘顶管工程223.6m），只是在管廊下穿重要建（构）筑物时才使用，国内第一个顶管管廊案例是包头新都市区经三路下穿建设大道管廊项目（顶进距离88m，断面尺寸7.0m×4.3m）。

（5）新型管廊施工机械不断出现。

在施工技术发展的同时，出现了越来越多的新型管廊施工机械，如代替大型起重机的双向自行走桁架吊装系统，解决预制构件拼装精度问题的预制管廊拼装车（图 1-5），用于明挖的 U 形盾构机（图 1-6），集开挖支护、构件拼装和基坑回填于一体的移动护盾管廊建造机（图 1-7），在很大程度上都可以减轻工人的劳动强度，降低施工技术难度。

图 1-5　预制管廊拼装车

图 1-6　U 形盾构机

图 1-7　移动护盾管廊建造机

1.2.4　运营管理的发展

国内管廊建设起步较晚，直到 2015 年才开始大规模的建设，近几年建设的管廊项目都还未进入全面运营管理期，运营管理方面的总体状况为：经验不足、法规不全、平台不专、标准不一。具体体现在以下几个方面：

（1）目前尚无成熟的经验可以借鉴。

虽然目前我国的管廊建设规模居世界之首，但是最近几年建设的管廊都未进入运营管理期，以前建好的项目大多数运营状况不好，因此在运营管理方面尚无成熟的经验可以借鉴。特别是 2016 年以来，管廊建设的蓬勃发展使得政府和央企更多地关注于立项和中标，没有精力研究合理的规划设计和高效的运营管理；同时建设规模的过度增长、运营管理人员的极度缺口都给运营管理带来极大的困难。

（2）收费模式及违约责任尚无法可依。

经过多年的努力，管线入廊难的问题基本已经解决，但是收费难的问题仍在困扰着目前的 PPP 公司，如何收？收多少？收不上来怎么办？一直是 SPV 公司与管廊租赁使用的管线产权单位利益博弈的焦点。但是现在却没有一个国家层面的法律法规出台，使得靠合同制约相关部门的方式变得难上加难。

（3）真正的智慧管理平台还没有出现。

管廊建设的蓬勃发展需要更加智慧的管理平台。虽然目前很多军工、航天、煤矿等一系列优秀的监控报警企业纷纷转向管廊的智慧管理，特别是在传感器、自动巡检、数据收集、虚拟技术、管控平台等方面都出现了一些优秀代表，但是真正基于BIM和GIS的全寿命期智慧管理平台还没有开发出来，目前国内出现的几大智慧平台或多或少地存在一些问题，当前实现智慧化运行管理的技术手段进展有待突破。

（4）智慧运营管理的标准严重缺乏。

目前综合管廊后期运营管理的热点问题就是智慧管理，但是对于智慧管理的理解没有一个统一的认识，目前急需的附属系统特别是监控报警系统方面还没有一个统一的标准，使得各地政府对管廊的监控运维标准的要求各不相同，给PPP项目公司决策带来困难，也使得下游的软硬件企业都无所适从。

1.3 重大技术进展

我国的城市综合管廊经过多年的建设发展，在规划设计、土建施工和运营管理方面取得很大的技术进步，并在其中起到了重要的作用。

1.3.1 绿色建造理念

笔者结合当前综合管廊的绿色建造概念，首次给出了实现绿色建造的352理念，即要实现综合管廊的绿色建造，必须采用绿色规划、绿色设计、绿色施工三个手段，遵照线路最优、断面最优、资源投入最少、废弃物排放最少、对周边环境影响最小五条原则，最终达到四节一环保、高效低成本两大目的。

1.3.2 集约规划设计理念和方法

在进行综合管廊的规划设计时，要考虑目前及未来要建设的地铁、地下商业、地下快速路等其他地下空间项目，统筹考虑，集约规划，统一建设，否则将会带来规划节点冲突问题、周边环境保护难题、施工成本增加难题。目前国内已经出现了很多成功的案例，如北京市中关村西区综合管廊项目首次将综合管廊、地下交通和地下商业集约规划设计，西安市昆明东路综合管廊项目首次将综合管廊、排水干渠、城市立交、地铁车站集约规划设计，都取得了非常不错的效果。

1.3.3 整体模板滑移技术

整体模板滑移技术对于长距离线性地下结构有着诸多优点，模板、脚手架投入大大减少，投入劳动力少，现场施工环境好，速度快，成本低。目前国内已经出现了多种形式的模板滑移技术，如三亚海榆东路、郑州滨河新城的单舱滑模、十堰市的多舱滑移台车等。其中中国建筑第八工程局有限公司施工的西宁管廊项目，经过多次研究和摸索，自主研发了一套整体移动模板台架，在西宁两条路的管廊项目和西安 PPPI 标项目得到了成功应用，经详细测算，移动模板台架施工成本比传统木模施工成本降低约 37.69 元/m³。

1.3.4 预制装配成套技术

由于荷载的复杂多变及防水的要求，地下综合管廊的预制装配施工比建筑工程的类型更多样、技术更先进、要求更严格。最早是由大连明达科技有限公司和山东天马集团从日本引进的上下分体预制装配技术，但在国内应用不多；上海世博园项目借鉴预制排水管的经验首次应用了节段预制装配技术，后来在国内得到了大量的应用；中国建筑第六工程局有限公司在包头项目尝试了半预制装配技术，但没有更进一步的应用；湘潭市霞光东路项目应用了分块预制装配技术（干法连接），效果不太理想；衡水富中达基础工程有限公司首次在国内应用了组合预制装配技术，有希望在多舱管廊施工时大面积推广应用；目前最热门的技术应属叠合装配技术，越来越多的单位在推广应用该技术，如黑龙江宇辉建筑有限责任公司、长沙远大住宅工业集团股份有限公司、中国建筑股份有限公司技术中心、中国中铁四局集团有限公司等。

1.3.5 基于 BIM 的智慧管理技术

BIM 技术在综合管廊的规划设计和施工阶段已经开始推广应用，在运营管理阶段也开始尝试应用，特别是目前多数的管廊项目都是 PPP 模式，所以全寿命期的 BIM 应用技术变得可能和必要，它将在随后的运营管理过程中发挥巨大的作用。现在杭州创博科技有限公司、苏州光格科技股份有限公司、江苏斯菲尔电气股份有限公司等企业致力于研究综合管廊的智慧管控平台，也在多个项目上得到了应用，但是真正的基于 BIM 全寿命期的管控平台还没有开发出来。

1.4 典型工程及指标记录

经过几十年的建设实践，我国的综合管廊建设规模及数量已经超过了欧美发达国家，成为综合管廊的超级大国，其中出现了一些典型的工程案例，见表 1-1。

我国城市综合管廊典型工程案例　　　　　　表 1-1

序号	工程名称	典型记录	主要指标
1	天安门广场管廊	我国第一条管廊	1958 年，宽 4m，高 3m，埋深 7～8m，长 1km
2	上海张杨路管廊	我国第一条较具规模并已投入运营的综合管廊	1994 年，宽 5.9m，高 2.6m，双孔各长 5.6km
3	广州大学城管廊	国内已建成并投入运营，单条距离最长、规模最大的综合管廊	长 17.4km，断面尺寸为 7.0m ×2.8m

序号	工程名称	典型记录	主要指标
4	北京中关村西区管廊	国内首个已建成的管廊综合体,入廊管线最多、规模最大的项目	地下 3 层,9.509 万 m²,长 1.9km
5	北京通州新城运河核心区管廊	国内整体结构最大及集综合管廊于一体的复合型公共地下空间	断面尺寸为 16.55m × 12.90m
6	上海世博会管廊	国内系统最完整、技术最先进、法规最完备、职能定位最明确的一条综合管廊	总长约 6.4km,国内首个 200m 预制装配试验段
7	六盘水市管廊一期	国内首个 PPP 模式的管廊项目,首批十大试点城市之一	全长 39.69km,15 个路段
8	西安综合管廊 PPP 一标	国内单个规模最大的项目	全长 72.23km,30 个路段,92 亿元
9	沈阳南运河段管廊	国内首个全部采用盾构施工的管廊项目	全长 12.8km,直径 6.2m,埋深 20m,四舱
10	绵阳科技城集中发展区管廊	国内首个全部采用预制装配的管廊项目,且规模最大	全长 33.654km,四舱,最大断面尺寸为 11.75m×4.00m
11	十堰市管廊一期	国内首个施工方法最多、节段预制尺寸最大的矿山法隧道管廊	21 个路段,全长 55.4km,总投资额 52.3 亿元,应用了 8 种工法
12	包头新都市区经三、经十二路管廊	国内首个采用矩形顶管法施工的管廊项目	85.6m + 88.5m,7.0m × 4.3m,埋深 6m
13	厦门综合管廊	翔安西路综合管廊,采用双舱节段预制装配技术	已建成运营的干、支线管廊 29.48km,缆线管廊 110.45km
14	横琴综合管廊	在海漫滩软土区建成的国内首个成系统的综合管廊,国内首个获鲁班奖的综合管廊	总长度为 33.4km,投资 22 亿元,包括一舱式、两舱式和三舱式 3 种断面形式

1.5 未来发展趋势

"十三五"期间是综合管廊的建设高潮期,虽然由于各种原因由前三年的大干快上阶段进入有序推进阶段，但是经过多年的建设实践，人们越来越认识到管廊已经是城市建设发展的内在需要。《国务院办公厅关于加强城市地下管线建设管理的指导意见》（国办发〔2014〕27号）提出"通过试点示范效应，带动具备条件的城市结合新区建设、旧城改造、道路新（改、扩）建，在重要地段和管线密集区建设综合管廊"。

整体移动模架技术、叠合装配式技术、多舱组合预制技术、节段整体预制技术等快速绿色的建造技术将在接下来的综合管廊建设中得到广泛应用。各种规范标准都将在"十三五""十四五"期间编制完成；经过大量的工程实践，标准图集将编撰完成。

"十四五"时期应该是管廊运营管理的关键时期，各种管理问题相继出现。PPP平台公司要理顺与政府、管线单位、施工方、银行、市民等各种复杂的关系，充分利用智慧管理平台，加强智能收费管理，挖掘大数据为己所用。智慧平台建设将会有一个质的飞跃，但是管廊公司与管线单位的矛盾将日益突出，肯定会出现长期亏损的项目公司。

2 功能形态特征研究

2.1 城市综合管廊的主要特点

经过多年的建设实践，城市综合管廊主要具有以下特点：

（1）综合性

科学合理地开发利用地下空间资源，将市政六大类管线集中综合布置，形成新型的城市地下智能化网络运行管理系统。

（2）长效性

综合管廊土建围护结构采用钢筋混凝土框架结构，可保证管廊 50 年以上使用寿命，并按规划要求预留 50 年的发展增容空间，做到一次投资，长期有效使用。

（3）可维护性

综合管廊内预留巡检和维护保养空间，并设置必需的人员设备出入口和配套保障的设备设施。平均每 1000m 设一个工作井，同时配备起重吊桩和活动梯车为管线更换、检修、使用提供必要的保障。

（4）高科技性

综合管廊内外设置现代化智能化监控管理系统，采用以智能化固定监测与移动监测相结合为主、人工定期现场巡视为辅的多种高科技手段，确保管廊内全方位监测、运行信息反馈不间断和低成本、高效率维护管理效果。

（5）抗震防灾性

市政管线集中设于地下综合管廊内，可抵御地震、台风、冰冻、侵蚀等多种自然灾害。在预留人员通行适度空间条件下，兼顾设置人防功能，并与周边人防工程相连接，非常状态下可发挥防空袭、减少人民财产损失的功效。

（6）环保性

市政管线按规划需求一次性集中敷设，可为城市环境保护创造条件，地面与道路可在 50 年内不会因为更新管线而再度开挖。综合管廊的地面出入口和风井，可结合维护管理和城市美化需要，建成独具特色的景观小品。

（7）低成本性

由于综合管廊采取一次投资、同步建设、各方使用、多方受益的形式，不仅克服了现存模式的多种弊端，而且综合成本也得到了降低和控制。

（8）投资多元性

综合管廊可将过去政府单独投资市政工程的方式扩展到民营企业、社会力量和政府等多方面共同投资、共同受益的形式，发挥政府主导性和各方面积极性，加快城市现代化进程，有效解决此类市政工程筹资融资难度大的问题。

（9）运营可靠性

综合管廊内各专业管线间布局与安全距离均依据国家相关规范要求，并沿管廊走向，结合防火、防爆、管线使用、维护保养等方面的要求，设置分隔区段，并制订相关的运营管理标准，安全监测规章制度和抢修、抢险应急方案，为管廊安全使用提供技术管理保障。

2.2 城市综合管廊功能分区

2.2.1 横断面分区

综合管廊断面结构根据不同需求大致可分为单舱、双舱和多舱结构等，以对应不同的管线入廊需求。以多舱管廊为例，一般分为电力舱、水电综合舱、燃气舱、重力流的污水舱，如图 2-1 所示。

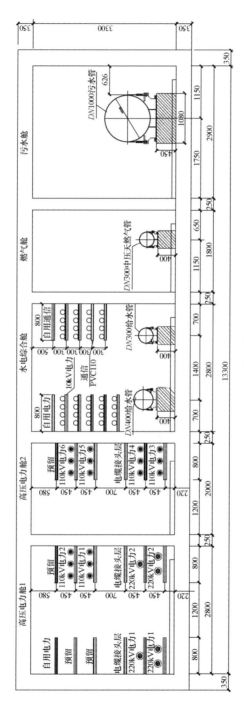

图 2-1 多舱综合管廊横断面分区示意图

2.2.2　纵向分区

综合管廊纵向上按功能可以划分为标准段、倒虹段、通风口、投料口、引出口、分支口等，每一部分有不同的结构和作用，如图 2-2 所示。

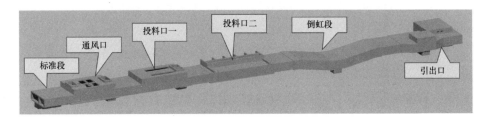

图 2-2　多舱综合管廊纵向分区示意图

2.2.3　监控中心

监控中心是指安装有统一管理平台、各组成系统后台等中央层设备，满足综合管廊建设运营单位对所辖综合管廊本体环境、附属设施进行集中监控、管理，协调管线管理单位、相关管理部门工作需求的场所。监控中心作为综合管廊的一个专门附属结构可以独立设置，也可以设置在管廊结构内部。

2.3　城市综合管廊主要结构形式

城市综合管廊按结构材料的不同，主要分为钢筋混凝土结构（图 2-3）、钢制结构（图 2-4）、竹缠绕结构（图 2-5）等形式；按施工方法的不同，又可分为现浇结构和预制装配结构（图 2-6）。

图 2-3　钢筋混凝土结构综合管廊

图 2-4　钢制结构综合管廊

图 2-5　竹缠绕结构综合管廊

图 2-6　预制装配结构综合管廊

2.4　城市综合管廊施工的特点和难点

（1）城市综合管廊是一个规划条件受限较多的地下工程。城市综合管廊一般建设在城市繁华街区，同时要受城市总体规划、片区规划、地下空间规划、道路管线等专项规划的制约，其施工环境特别复杂，施工难度大。

（2）城市综合管廊是一个线性工程，一般规模比较大，少则几千米长，多则十几千米长，需要投入的周转材料和劳动人员多，迫切需要研发新的结构形式和新的施工装备。

（3）城市综合管廊是一个多管线安装的工程，入廊管线一般有电力电缆、给水排水、热力、燃气等，多达十余种，在综合管廊这样的受限空间里进行多管线的安装作业是十分困难的。

（4）城市综合管廊是一个验收环节比较复杂的工程。受规划条件、拆迁、投资等因素的影响，招标时的完整项目往往分阶段分路段进行施工，验收程序非常复杂，需要创新验收流程和模式。

21

3 关 键 技 术 研 究

3.1 模架滑移施工技术

3.1.1 技术概述

模架滑移施工技术常在隧道与桥梁中应用，隧道中常用整体移动模架即模板台车作混凝土衬砌，桥梁中主要用于梁体的建造。对于综合管廊，采用的模架滑移施工技术类似于隧道的模板台车和桥梁的下行式移动模架，如图 3-1 和图 3-2 所示。

图 3-1　三亚管廊简易整体移动模架

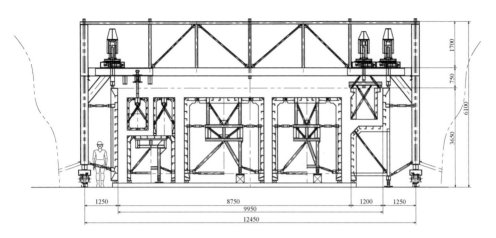

图 3-2　日本滑模双舱台车

3.1.2　适用范围

模架滑移施工技术适用于明挖现浇综合管廊标准段及非标准段平直段施工,适用于任何尺寸的现浇综合管廊断面,可用于最短每段长为 4m、最长每段长为 32m 的明挖现浇综合管廊。施工前宜将部分非标准段优化成标准段,如遇非标准段,可用此体系进行墙体施工。为便于移动模架体系的连续性施工，当遇到复杂特殊段或管廊坡度大于5%时，不宜使用此体系。

3.1.3 技术特点

多功能移动模架体系集周转料具、水平运输、模板支撑、混凝土浇筑平台于一体，具有可零可整的特点。同时具有免搭免拆、组装灵活、施工方便、提升功效的特点，大大减少人工费和机械台班费，实现了管廊快速施工、提升质量、降本增效的目标。

墙体移动模架体系每台平均长度为5m，宽度及高度可以标准节形式增减。所有整拼模板用捯链挂在平台底部滑梁上，墙体合模时模板通过滑梁靠近墙体并进行加固，混凝土浇筑完成后模板通过滑梁离开墙体，并向前移动。墙体移动模架包括架构、支撑、操作平台、导向、提升、动力系统。墙体移动模架体系如图3-3所示。

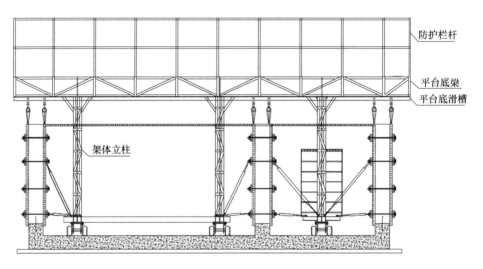

图 3-3 墙体移动模架体系示意图

顶板移动模架体系每台长度为5m，每个舱室横断面上配备相应数量的顶板移动模架，中间采用模板早拆头及支撑立杆，每排顶板移动模架根据不同舱室的宽度可调。首次模板拼装完成后，通过立杆上下丝杠调节高度，使底部车轮悬空，确保架体牢固后浇筑混凝土，混凝土强度达到50％后进行拆模，拆模时调节上下丝杠高度，使底部车轮着地，脱模后保证模板与架体不分离，舱中早拆头及独立支撑立杆待混凝土强度达到75％时再拆除，移动时连接每列模架体系，通过前端卷扬机将模架移动至下一段进行施工。该技术支撑立杆及模板可采用多种形式自由搭配使用。顶板移动模架体系如图3-4所示。

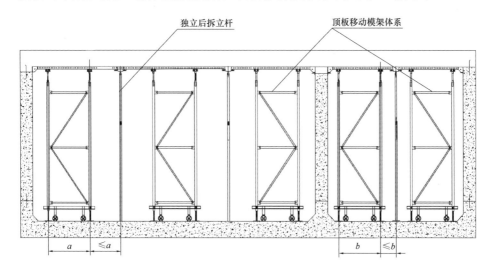

图3-4 顶板移动模架体系示意图

注：a、b均表示不同舱内架体所计算的立杆间距。

3.1.4 施工工艺

1. 工艺流程

墙体移动模架体系施工工艺流程为：底板及导墙施工→移动模架体系组装（首段组装一次即可）→墙体铝模及龙骨整拼（首段拼装一次即可）→墙体铝模加固（含污水舱、燃气舱底模安装及钢筋绑扎）→墙体混凝土浇筑→铝模整拼模板脱模（模板跟龙骨不分开）→移动至下一段施工→模板及移动体系解体（最后一段墙体施工完后）。

顶板移动模架体系施工工艺流程为：墙体施工→移动模架体系组装（首段

组装一次即可）→顶板铝模调平→顶板钢筋绑扎→顶板混凝土浇筑→顶板移动模架体系脱模（模板跟架体不分开）→移动至下一段施工→模板及移动体系解体（最后一段墙体施工完后）。

2. 操作要点

（1）移动模架体系立柱位置：移动模架体系立柱根据需求可设置于舱中间位置或距墙体 80cm 处。此距离不仅能保证移动模架体系安全稳定，更能方便进行止水螺杆安装、隔离剂涂刷等施工作业。

（2）移动模架体系双轮滑动：考虑到管廊底板的平整度对移动模架体系运行过程的影响，移动模架体系采用双轮进行滑动，增强移动模架体系在滑动过程中的安全稳定性。

（3）采用三节式止水螺杆：涉水管廊舱室根据墙体厚度使用特制的三节式止水螺杆，不仅能方便施工人员进行安拆操作，也能保证墙体截面尺寸。

（4）撑棍与螺杆梅花形布置：墙体截面尺寸一半靠止水螺杆控制，另一半依靠撑棍保证。撑棍与螺杆呈梅花形布置，在确保安装到位的情况下，也能保证撑棍与螺杆各自发挥作用、相辅相成。

（5）铝模龙骨加固使用钢垫片及钩头螺栓：墙体两侧铝模使用钢垫片替代"3"型卡通过止水螺杆加固龙骨，整板铝模龙骨采用钩头螺栓加固。此种加固方法能有效地保证铝模的整板刚性，提高整板铝模的受力性能。

（6）铝模上口使用铝梁加固：墙体上口铝模采用顶板快拆体系的铝梁进行加固、调距，铝梁沿管廊方向间距不得大于 2m 布置一道。铝梁根据现场管廊实际尺寸加工而成，能确保管廊净空尺寸，更能调节墙体铝模的垂直度。

（7）墙体混凝土浇筑时挡板设置：由于移动模架体系操作平台距墙体顶部还有 1m 的距离，因此在墙体混凝土浇筑时得设置挡板以确保混凝土浇筑能正常进行。挡板沿操作平台上的预留缝隙设置，保证不会影响混凝土浇筑作业。

（8）铝模的日常管理：根据铝模的实际应用情况，绘制模板编号图。确定每块铝模的实际位置，在日常管理及实际应用中严格按照模板上的编号进行整理、配模，保证铝模不丢失。

（9）顶板移动模架体系质量控制要点如下：

1）根据舱体断面尺寸，配备足够数量的移动模架，保证独立支撑立杆间距在 2m 以内，进而实现早拆。

2）为保证顶板移动模架承载力需求，体系架体立杆间距需通过受力计算及分析确定，体系架体立杆与独立支撑立杆间距不大于计算间距即可。

3）根据不同舱体高度，顶部横杆间斜拉杆采用双头丝杠杆，在满足步距要求下，可适当调节自由端高度。

4）顶模底部设置方钢龙骨，通过钩头螺栓与模板连接，保证模板与模架的整体性。

5）顶模组拼时，与墙体交接部位增加阴角模，保证平整性，避免错台、漏浆情况的发生。

6）丝杠丝头位置及时上油，浇筑混凝土前保护丝头，浇筑完成后及时清理。

3.2 分离式模板台车技术

3.2.1 技术概述

目前国内应用的传统钢模台车由于存在拆模等待时间长、工效低、难以形成快速流水节拍等原因，导致目前线性箱形结构主要还是采用散拼模板进行施工，应用钢模台车施工的项目屈指可数。分离式钢模台车能有效提高目前钢模台车的适应性，有助于钢模台车在各类长距离线性箱形结构的应用，取代常规的散拼木模，避免大量木材消耗，在建筑工业化的大背景下具有重要的意义。

3.2.2 适用范围

分离式钢模台车适用于明挖现浇综合管廊、管涵标准段及非标准段平直段施工，适用于任何尺寸的现浇综合管廊、管涵断面，可用于最短每段长为 4m、最长每段长为12m的明挖现浇综合管廊、管涵。施工前宜将部分非标准段优化成标准段，如遇非标准段，可用此体系进行墙体施工。为便于分离式钢模台车的连续性施工，当遇到复杂特殊段或管廊坡度大于5%时，不宜使用此体系。

3.2.3 技术特点

（1）台车内部空间大：新型台车将传统台车整体多榀门架支撑形式革新为大跨度固定式骨架及可拆卸内撑两部分，以实现台车拆撑脱模后行进时内部形成通畅空间，为台车有效融合早拆装置打下基础，亦便于人员穿行操作。

（2）台车提前脱模：钢模台车的可分离式早拆装置由顶部钢模、中间支撑头及下部钢立杆组成，其沿台车纵向中轴线通长设置，顶部钢模与台车顶板组合成整体。台车脱模时将早拆装置分离，使早拆装置留置原位，利用减跨原理实现台车提前脱模。

（3）施工过程循环递进无间歇：钢模台车的循环递进结构体系由台车一端门架的可拆卸连系横梁和由该门架向后延伸的钢框架组成，台车脱模后行进过程中，通过后部钢框架和临时断开连系横梁，实现台车穿越早拆装置，进而实现循环递进。

（4）对拉螺杆安装准确快速：可拆卸式止水对拉螺杆安装装置，通过在外侧大钢模板上设置预留窗口及封闭耳板，实现止水对拉螺杆快速准确安装。

3.2.4 施工工艺

1. 工艺流程

分离式钢模台车循环递进无间歇施工工艺流程为：钢模台车设计研发→钢模台车构件加工制作→钢模台车安装、调试、验收→钢模台车就位→钢模台车支模→可分离式早拆装置安装→钢模台车模板加固→钢模台车整体验收→顶板钢筋绑扎→侧墙及顶板混凝土浇筑。

2. 操作要点

（1）钢模台车施工前期准备工作

1）钢模台车设计研发

根据综合管廊结构形式相对单一的特点，类比超高层核心筒施工时运用的顶升模架体系，设计研发适用于线性箱形现浇结构施工的新型钢模台车体系。为了解决传统多榀门架式钢模台车整体工效低、内部空间小、操作困难、外模安装及转运难度大等问题，对传统钢模台车进行改造升级，仅保留端部两榀门架，内部采用支撑体系，同时引入早拆体系，最终设计研发分离式钢模台车。

分离式钢模台车整体结构形式确定后，通过迈达斯等软件建模对钢模台车各组成构件进行设计计算（图 3-5），同时对钢模台车在各种施工工况下的受力性能进行分析，最终确定钢模台车构件的具体尺寸及技术参数。

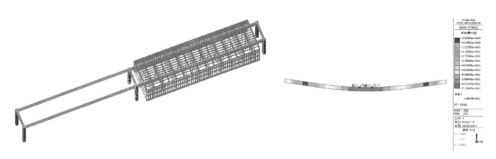

图 3-5　钢模台车建模计算图

2）钢模台车构件加工制作、验收

钢模台车构件加工前需对各系统进行深化设计，绘制各系统的加工图，挑选专业厂家进行加工制作（图 3-6），构件加工精度应在加工图中明确标识。构件加工完成后应组织各系统负责人进行验收，验收符合要求后方可进入安装阶段。

3）钢模台车安装、调试、验收

钢模台车的行走轮放置于轨道之上，台车门架支柱以及顶升系统坐于行走

图 3-6　钢模台车构件加工制作

轮上用螺栓固定连接；钢模台车上部纵梁与台车门架横梁连接，再进行顶板以及背楞的安装，待顶板模板安装完毕后进行侧墙模板以及侧向支撑安装；最后再进行电机、底部顶丝安装，如图 3-7 所示。安装流程为：轨道铺设→行走轮安装→顶升液压系统安装→台车门架支柱安装→上纵梁安装→侧向液压系统安装→泵站、操作台安装→顶板模板及背楞安装→侧墙模板及支撑安装→电机、底部顶丝安装。

图 3-7　钢模台车安装

钢模台车在组装过程中必须注意以下几点：

① 两台车主梁必须平行，否则在台车牵引过程中不能顺利行走。可以通过对角线进行检测、调整。

② 门架必须在同一标高上，门架顶面保证水平，否则影响顶板模板的水平。

③ 顶板模板必须对准中心线安装，避免后期调整。

④ 侧向支撑安装上下两排相对位置应错开，便于后期拆模。

⑤ 台车安装过程必须有厂家技术员现场全程指导。

钢模台车安装完成后，需对系统进行调试、验收，保证应力水平在正常状态、各个系统正常工作，调试、验收完成之后方可进入使用阶段。

（2）钢模台车就位

钢模台车行进至指定位置后，用夹轨器将台车行走系统与轨道固定，台车完成就位。

（3）钢模台车支模

钢模台车就位后先进行底部顶升油缸的顶升工作，使顶板模板顶升至设计标高位置，然后进行门架下顶丝安装，将整个台车固定，最后展开侧模至设计位置，此时侧模应保证良好的垂直度。

钢模台车支模具体工艺流程如图 3-8～图 3-11 所示。

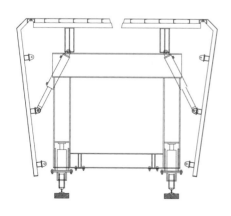

图 3-8　钢模台车就位

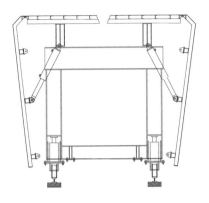

图 3-9 顶升油缸顶升，顶板模板就位

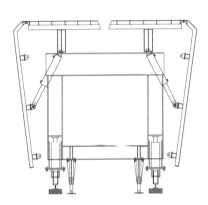

图 3-10 门架下顶丝安装，台车门架固定

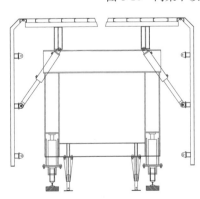

图 3-11 侧向液压油缸伸展，侧模展开就位

钢模台车支模过程中注意事项如下：

1）检查千斤顶是否正常良好。

2）千斤顶应放置平整，为防止侧滑，应在千斤顶下垫放支座。

3）手柄动作方向角度范围内应无障碍物。

4）支模过程必须有一名观察员配合操作，避免顶升过度导致模板损坏。

（4）可分离式早拆装置安装

在钢模台车顶板跨度大于 2m 的舱室中设置有可分离式早拆装置。钢模台车整体模板就位后即安装可分离式早拆装置。可分离式早拆装置与台车顶板模板之间采用螺栓连接，调节早拆立杆的高度使可分离式早拆装置与顶板模板高程统一。

可分离式早拆装置与台车顶板模板之间必须紧密连接，且接缝处用腻子刮缝，保证平滑过渡，防止错台及"挂帘"现象。

（5）钢模台车模板加固

钢模台车模板加固包括对拉螺杆安装及螺旋丝杆安装。

模板加固过程中必须按批准的模板施工方案准备、安装、固定模板，保证偏差小于允许值，各种连接件、支撑件、加固配件必须安装牢固，无松动现象。安装过程中，设置足够的临时固定设施，以防变形和倾覆。模板加固工艺具体如下：

1）对拉螺杆装、拆工艺流程如表 3-1 所示。

对拉螺杆装、拆工艺流程   表 3-1

序号	步骤	对拉螺杆装、拆工艺流程图示及描述
1	台车及外部大钢模板组装完成	 将模板及背楞放置就位

序号	步骤	对拉螺杆装、拆工艺流程图示及描述
2	止水对拉螺杆穿入	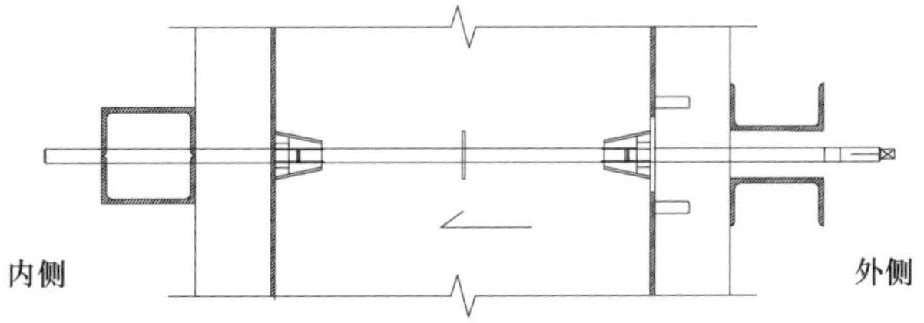 将止水对拉螺杆从外侧大钢模板窗口穿入至钢模台车模板，在钢模台车一侧进行固定
3	封堵板固定	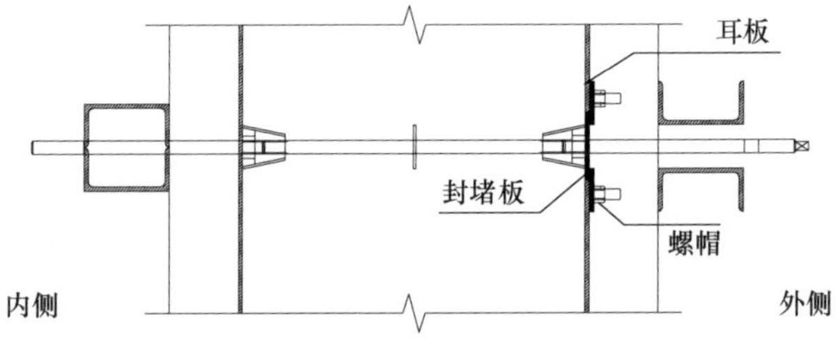 将封堵板固定，再将耳板的U形卡槽卡住大钢模板对应的螺丝杆，并用螺栓加固
4	对拉螺杆固定	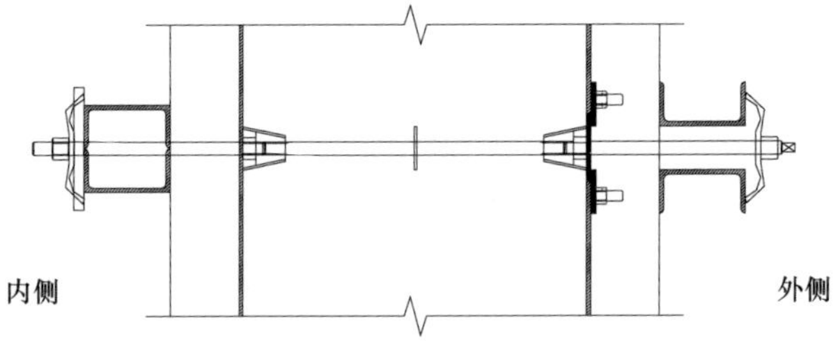 通过止水对拉螺杆限位卡固定在大钢模板的大背楞上
5	混凝土浇筑	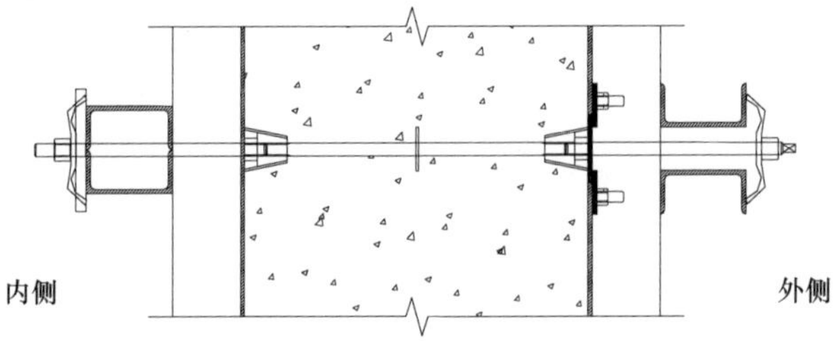 待钢模台车及外侧模板均加固完成后，进行结构混凝土浇筑

续表

序号	步骤	对拉螺杆装、拆工艺流程图示及描述
6	对拉螺杆拆除	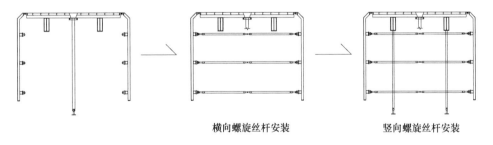 内侧　　　　　　　　　　　　　　外侧 待达到混凝土拆模强度之后，将三段式止水对拉螺杆两侧段进行拆除，台车模板内收，进入台车行走阶段，待台车及外侧大钢模板进入指定位置之后，进入下一个循环

2）螺旋丝杆安装

螺旋丝杆安装时先安装横向螺旋丝杆，安装时每个舱室内1人端平支撑丝杆，负责丝杆与背楞连接支座校准，1人负责旋转圆管调节支撑长度，使其顶紧内侧模板，并插好固定插销；横向支撑安装完毕后，调节主梁下的竖向螺旋丝杆进行竖向支撑安装。螺旋丝杆安装如图3-12所示。

横向螺旋丝杆安装　　　　　　竖向螺旋丝杆安装

图3-12　螺旋丝杆安装示意图

（6）钢模台车整体验收

钢模台车模板加固完成之后需对钢模台车整体进行验收，验收合格无任何安全隐患及质量问题后方可进行后续施工内容。钢模台车模板验收标准如表3-2所示。

钢模台车模板验收标准 表 3-2

序号	项目		允许误差（mm）	检查方法及工具
1	承力杆件	承力杆件垂直度	±3.0	吊线、钢卷尺
2		承力杆件标高	±3.0	水准仪
3	门架垂直度		≤10.0	吊线、钢卷尺
4	钢模板	液压油缸标高	≤3.0	水准仪
5		模板轴线与结构轴线误差	≤3.0	吊线、钢卷尺
6		截面尺寸	≤3.0	钢卷尺
7		拼装大钢模板边线误差	≤5.0	钢卷尺
8		相邻模板拼缝高低差	≤3.0	平尺
9		模板平整度	≤3.0	2m靠尺
10		模板标高	±3.0	水准仪
11		模板垂直度	≤3.0	吊线、钢卷尺
12		背楞位置偏差	≤3.0	吊线、钢卷尺
13	台车净高		±3.0	钢卷尺

（7）顶板钢筋绑扎

钢模台车模板验收顺利通过后方可进行顶板钢筋的绑扎。顶板钢筋绑扎过程中要注意预埋件的准确定位；在钢筋现场绑扎前，要充分熟悉图纸，认真领会设计意图；对照图纸检查，钢筋安装位置、间距、保护层及各部位钢筋的大小尺寸均应严格按设计图纸及有关文件的规定进行施工，横平竖直、间距均匀；严格执行三检制，自检、互检后才能进行交接检，并认真做好每次检查记录，做到钢筋质量的可追溯性。顶板钢筋绑扎如图 3-13 所示。

（8）侧墙及顶板混凝土浇筑

顶板钢筋绑扎完毕之后，浇筑侧墙及顶板混凝土。浇筑侧墙混凝土时应注意对称性，从中间往两侧分开对称浇筑，侧墙浇筑完毕后浇筑顶板。混凝土下料自由高度小于 2m，防止骨料分离。侧墙及顶板混凝土浇筑如图 3-14 所示。

混凝土采用插入式振动器振捣，振捣时要快插慢拔，每一插点要掌握好振捣时间，以混凝土表面呈水平、不大量返气泡、不再显著下沉、表面浮出灰浆为准，不得欠振、漏振及振捣过度。插棒间距 40cm 左右，以防止漏振。上层

图 3-13 顶板钢筋绑扎

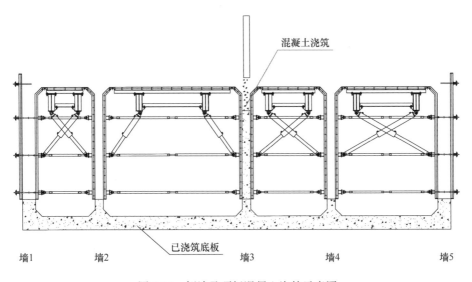

图 3-14 侧墙及顶板混凝土浇筑示意图

混凝土振捣要在下层混凝土初凝之前进行，并要求振动棒插入下层混凝土5cm，以保证上下层混凝土结合紧密。混凝土施工现场如图 3-15 所示。

图 3-15　混凝土施工现场

3.3　节段预制拼装技术

3.3.1　技术概述

节段预制拼装技术是指采用预制拼装施工工艺将工厂或现场生产区域预制的分段构件，在现场拼装成型的施工技术。节段整体预制拼装管廊作为目前采用较多的预制管廊形式，在拼装接头和防水做法上已经有了较多的研究。其中采用较多的为柔性连接（双橡胶密封圈＋双组分密封膏）承插口接头形式，这类管廊称为承插式接口预制管廊，它能较好地分散地基沉降的影响。节段预制拼装综合管廊如图 3-16 所示。

图 3-16　节段预制拼装综合管廊

3.3.2　适用范围

节段预制拼装技术适用于性质均匀、承载力大于 20kPa 的天然地基或经处理后承载力较好的复合地基，且周边环境宽松的明挖管廊工程。

3.3.3　技术特点

节段预制拼装技术采用工厂集中加工生产节段式预制构件并运至施工现场进行逐段拼装，现场无需任何混凝土湿作业。节段预制拼装技术具有刚柔并济的整体特点，抗震效果较好，结构的外观成型质量好，施工效率高。

橡胶圈承插式接头管节拼装施工采用管节墙壁内外侧凹槽内填充双组分聚硫密封膏，是目前给水、排水预制管道中普遍采用的接头构造形式，该接头构造形式具有施工快速、便捷、受力性能和使用性能良好的优点，改善了接头部位的渗漏隐患。

管节钢绞线张拉预应力固定施工起到了紧固管节、止水和抵抗变形的作用，保证了工程质量。

管节拼装采用门式起重机进行吊装。门式起重机采用双吊机进行管节的卸车、翻转、拼装施工，轨道采用钢轨道，长度可根据现场实际情况调整，使用时根据施工段的长短确定组装轨道的长度。钢轨道可以拆卸，操作灵活、安拆方便。

3.3.4 施工工艺

1. 工艺流程

节段预制拼装施工工艺流程主要包含预制构件生产运输、预制构件现场吊装张拉、预制构件拼缝处理 3 个阶段，具体工艺流程如图 3-17 所示。

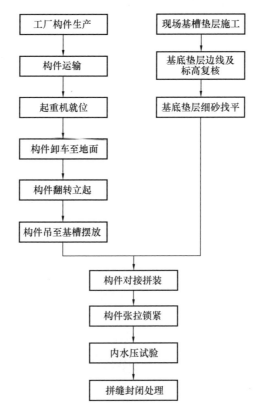

图 3-17 节段预制拼装施工工艺流程图

2. 操作要点

（1）现场准备

1）机械进场前，必须进行场地交接检，基槽共同验收通过，方可进行下道工序的施工。

2）施工人员严格按照施工方案指导施工，技术人员做好重要施工工序的技术和安全交底。

3）配合安装施工的起重机、吊具、钢丝绳、卡环、绳卡等机具进场时进行全面验收，所有的安全装置必须齐全、可靠。

4）预制管节进场吊装前，首先在预制厂进行试吊装，根据实际数据及技术参数修改完善施工方案。

5）进行吊装施工前，基础防水保护层已完成，且防水保护层表面平整度要达到设计要求。

6）在防水保护层上放线，用墨线弹出管廊外边线。

（2）吊装准备

1）门式起重机安装

预制管廊的吊装机械选择应结合施工现场的土质、作业面及沟槽的开挖等具体情况而定，保证吊装的稳定性，一般可以采用龙门架吊装。吊装前应选用合适的钢丝绳、插销，保证其承受力满足施工要求。

门式起重机安装使用的检验流程为：基坑验槽→边坡支护施工→垫层、防水→工作面移交→安拆方案报批、设备参数及安装资质申报→门式起重机厂家现场测量→基础调平→门式起重机设备安装与调试→市检测单位审定→现场试吊装。

2）吊具选择

① 吊具也称钢板横吊梁，钢板横吊梁的计算一般应对中部截面进行强度验算和对吊钩孔壁、卡环孔壁进行局部承压验算。

② 吊具通常采用型钢制造，计算时除考虑由吊重及自重引起的轴向弯矩外，还应考虑由荷载偏心引起的弯矩。

③ 为防止吊具损坏或丢失，应对钢丝绳、卸扣、吊具等吊装物资进行储备，额外配置一套。

（3）管节安装施工

管节安装施工工艺流程如图 3-18 所示。

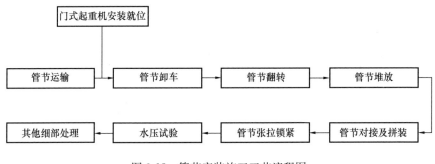

图 3-18　管节安装施工工艺流程图

1）管节卸车

① 运输车辆停到指定位置，运输工人解除运输固定绳索，吊装工人换上专用吊具，确保吊装孔与插销连接稳定，然后用门式起重机进行四点起吊。管节卸车如图 3-19 所示。

② 将构件吊起 200mm 高，静停 2min，待构件平稳后，运输车辆驶离，然后将管节平移至基坑内，如图 3-20 所示。预先在构件下铺设木方，确保管节平稳着地，如图 3-21 所示。

2）管节翻转

采用两点偏心翻转，吊装时用专用翻转吊具进行两点起吊。在地面上沿管廊长边方向均匀布置木方，避免翻转时管节损坏。管节翻转和入坑摆正如图 3-22 和图 3-23所示。

3）管节堆放

将构件平稳吊至基坑内，沿管节安装方向间距 600mm 布置，管节堆放的个数由每次门式起重机站的位置与管节之间的间距来确定。注意管节在基坑内排放的方向，插口方向对应小桩号方向。

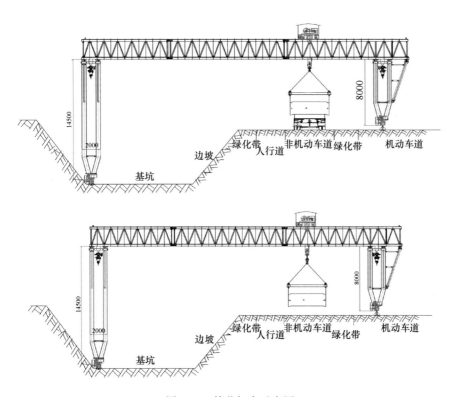

图 3-19 管节卸车示意图

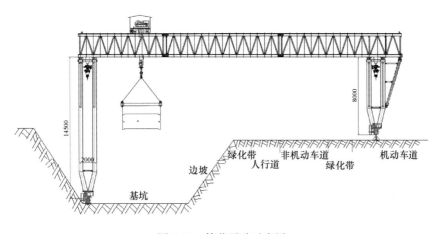

图 3-20 管节平移示意图

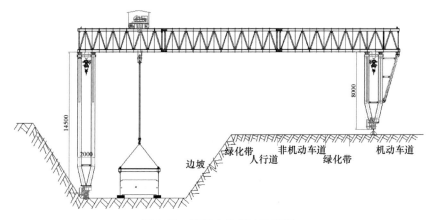

图 3-21　管节入坑着地示意图

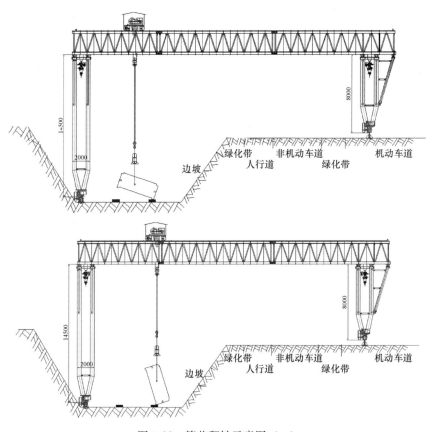

图 3-22　管节翻转示意图（一）

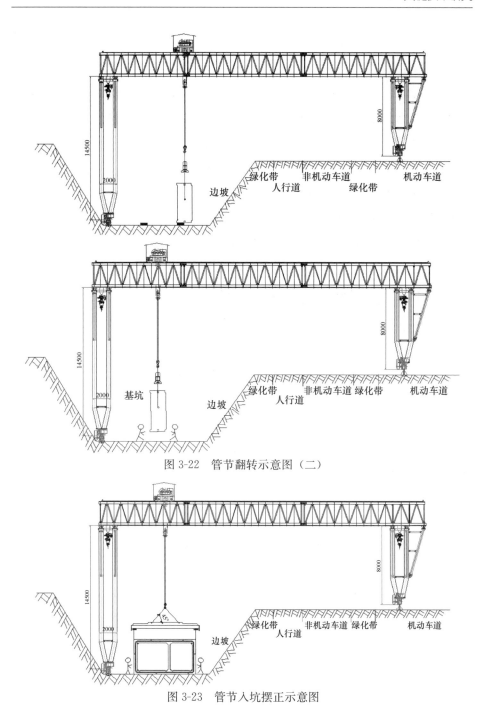

图 3-22　管节翻转示意图（二）

图 3-23　管节入坑摆正示意图

4）管节对接及拼装

管节对接及拼装全程由专职信号指挥工负责指挥。管节到达施工部位后，从后往前依次吊装各个节段，调整管节精确定位，进行接缝涂胶施工，整孔安装就位后，张拉预应力钢绞线。如有管廊和垫层之间存在缝隙，进行灌浆处理，使整段管廊支撑在灌浆层上，龙门架行走架设第二孔综合管廊。浇筑各孔端部现浇段混凝土，处理变形缝，使各孔综合管廊体系连续。

管节吊放前，提前进行测量放线，在防水保护层上用墨线弹出管廊中心线以及两侧边线。根据场地平整度情况，在防水保护层上铺一层 5～10mm 厚的黄砂（中砂），用以找平和减小张拉时地面对构件的摩擦力。

承插式接口预制综合管廊接头施工顺序：

① 预制管廊对接采用承插口形式，管廊承插口端均放置胶圈，用胶浆粘结于插口处稳固，保证管廊对接后胶圈固定不移位并与承口端形成一定挤压用于止水。

② 管廊承插口端对接完成之后，在管廊内周接口结合缝隙处采用双组分聚硫密封膏进行密封，进行二次防水。

5）管节张拉锁紧

① 管节对接后，检查轴线标高及拼缝距离的均匀性。满足要求后，组织施工人员对两节管廊进行预应力钢绞线张拉。

② 预应力筋张拉锚固后，实际张拉的预应力值与工程设计规定检验值符合规范要求。

③ 锚具的封闭保护应符合设计要求。当设计无要求时，应符合现行国家标准《混凝土结构工程施工质量验收规范》GB 50204 的有关规定。

④ 通过 4 个张拉孔，根据管节之间的缝隙大小，对不同的手孔分别进行张拉，张拉力的大小依次按 10MPa、20MPa、35MPa 逐渐增加，直到张拉到位。在张拉过程中，起重机指挥工人与油泵操作工人要密切配合，统一步调。

⑤ 若管节间的间距无法满足要求，则必须分开重新张拉，并分析原因，采取有效的解决措施，直到间距满足要求为止。

6）水压试验

管节之间采用两道橡胶制成的密封圈，一道三元乙丙弹性橡胶密封圈、一道遇水膨胀弹性橡胶密封圈，以确保管节间的水密性，如图 3-24 所示。同时每个预制管节设置 6 个压浆孔，每环选一处进行闭水试验。

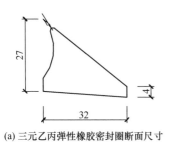

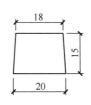

(a) 三元乙丙弹性橡胶密封圈断面尺寸   (b) 遇水膨胀弹性橡胶密封圈断面尺寸

图 3-24　橡胶密封圈断面尺寸

根据设计要求，需对管节拼缝处进行内水压试验，保证在设计压力值 0.08MPa 下橡胶密封圈无漏水。管节拼缝详图见图 3-25。

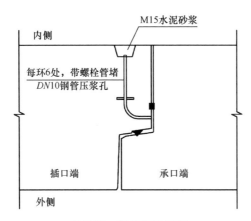

图 3-25　管节拼缝详图

7）其他细部处理

管节一节安装完毕，组织下一节的安装。一段完成后，按设计要求对接缝部位进行细部处理，包括拼缝处的聚硫密封膏密封处理、注浆孔以及管节底部的黄砂注浆处理等。

（4）现浇部分施工

预制管廊端头采用钢边止水带事先预埋，现浇段通过支模板浇筑混凝土以及在侧壁通过预制段预埋套筒拧入带肋钢筋连接，起到了止水和抵抗变形的作用。

（5）成品保护

1）预制构件脱模吊装时，混凝土强度应达到设计强度的 75％以上。

2）拆模时注意保护棱角部位，避免用力过猛、过急。

3）吊运、安装构件时，防止撞击棱角部位。

4）构件脱模后，及时采取有效的养护措施，保证混凝土处于潮湿状态。

3.4　分块预制装配技术

3.4.1　技术概述

分块预制装配技术是将管廊主体分为顶板、底板、外墙、内墙等标准构件，在预制工厂进行高精度构件加工生产，现场将预制构件拼装并通过现浇带连接为整体，充分体现了装配式建造技术"标准化拼装"和"强节点连接"的特点。分块预制装配综合管廊如图 3-26 所示。

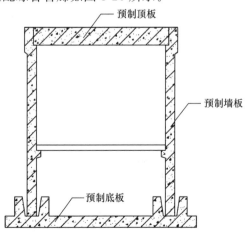

图 3-26　分块预制装配综合管廊示意图

分块预制装配综合管廊构件间节点处的连接做法至关重要，目前分块预制装配综合管廊的节点做法主要有：竖向连接节点一般采用灌浆连接节点，分为套筒灌浆连接节点和浆锚连接节点；水平连接节点一般采用后浇带连接节点，其中钢筋采用环筋扣合连接，以减小后浇带尺寸。

3.4.2 适用范围

分块预制装配技术适用于明挖施工、工期要求较紧、工程结构尺寸大的综合管廊工程。

3.4.3 技术特点

分块预制装配综合管廊纵向包括多个管廊节段，每个管廊节段由现浇底板或预制底板、两个预制外墙板、一个预制顶板、至少一个预制内墙板装配连接而成。其中预制外墙板与预制顶板、预制底板采用环筋扣合连接；预制顶板与预制内墙板采用插销式连接；预制底板与预制内墙板采用齿槽插孔式连接。对于相邻两个管廊节段，纵向预制外墙板间、预制顶板间均采用环筋扣合形式连接。

分块预制装配技术具有预制构件质量轻、体积小、体型简单、标准化程度较高的优点，可方便生产、运输、吊装，缩短现场施工时间，减轻交通疏导压力。同时，充分发挥工厂预制构件加工生产质量控制优势，以预制构件优良的结构自防水性能结合节点加强防水技术以及新型防水材料的应用，通过多重技术措施保障管廊防水的可靠性。

3.4.4 施工工艺

1. 工艺流程

分块预制装配技术施工工艺流程为：基坑开挖及支护施工→管廊垫层、防水及底板浇筑施工（或者预制底板吊装施工）→管廊外墙预制构件吊装、支撑与支架施工→管廊内墙预制构件吊装、支撑与支架施工→管廊顶板预制构件吊装→管廊顶板、侧墙后浇带钢筋绑扎、浇筑施工→管廊防水层施工及管道支墩等安装→管廊内人行道板浇筑→管廊基坑回填。

2. 操作要点

（1）基坑开挖与支护

根据设计图纸要求沿着管廊长度方向采取分层开挖，土方开挖配合边坡支护每挖一层做一道喷锚支护，挖掘机挖土自卸车配合运输；每层开挖两侧临时排水沟、集水坑，始终领先于开挖土层，保证土方开挖区域干燥。开挖料运至指定弃土位置。开挖时要经常检查中线和标高，以保证开挖边坡符合设计和规范要求。

（2）基础垫层施工

基槽验收合格后进行垫层施工，混凝土采用商品混凝土并用罐车直接运至现场，由泵车浇筑，一次浇筑到位，浇筑过程中随时检查混凝土高度。混凝土振捣采用平板式振动器，振捣密实后，用3m刮杠将四周刮平，标高准确后用抹子搓平。混凝土初凝后用压光机压光，混凝土终凝后浇水养护并在其表面覆盖一层塑料布。

（3）吊装设备就位

根据构件桩号进行测量放线，并在地面标明桩号，确定吊装点的具体位置。指挥人员用电动遥控器将门式起重机移动到指定位置。

（4）预制构件卸车

运输车辆停到指定位置，运输工人解除运输固定绳索，吊装工人换上专用吊具，确保吊装孔与插销连接稳定，然后用门式起重机进行四点起吊。将构件吊起200mm高，静停30s，待构件平稳后，运输车辆驶离。然后将构件平移至基坑内，确保预制构件平稳着地。

（5）底板施工

将钢筋吊运至基坑内，在基坑内完成钢筋的定位以及绑扎、连接工作，然后浇筑底板混凝土，完成底板的浇筑施工。

如果为预制底板，其施工操作要点为：将预制底板平稳吊至基坑内，沿预制构件安装方向间距 600mm 布置，注意预制构件在基坑内放置的方向。预制内、外墙板存放至现场堆放架。预制底板铺装如图 3-27 所示。

图 3-27　预制底板铺装

（6）预制构件吊装施工

分块预制装配式构件的吊装全程由专职信号指挥工负责指挥。吊装顺序为：装配式管廊底板吊装→装配式管廊外墙板吊装→装配式管廊内墙板吊装→装配式管廊顶板吊装。

外墙板安装采用钢筋套筒灌浆连接、钢筋浆锚搭接连接或者后浇连接，采用灌浆连接时应符合节点连接施工方案的要求。灌浆施工时，环境温度不应低于 5℃；当连接部位养护温度低于 10℃时，应采取加热保温措施。应按产品要求计量灌浆料和水的用量并搅拌均匀，每次拌制的浆料拌合物应进行流动度的检测，且其流动度应满足规范的规定。灌浆作业应采取压浆法从下口灌注，当浆料从上口流出后应及时封堵。浆料拌合物应在制备后 30min 内用完。外墙灌浆施工如图 3-28 所示。

（7）后浇带施工

底板后浇带在装配式管廊底板及外墙板吊装完成后封闭，封闭采用微膨胀

图 3-28 外墙灌浆施工

混凝土。

外墙板及顶板后浇带在内墙板及顶板吊装完成后封闭，模板采用铝合金模板，混凝土采用微膨胀混凝土。

（8）管廊防水层施工

根据不同的防水材料及方案，防水层施工工艺流程主要有以下几种：

1）喷涂速凝橡胶沥青防水涂料施工工艺流程为：基层验收→清理基层→细节保护→细部构造附加层→大面积喷涂。

2）改性沥青防水卷材施工工艺流程为：清理基层→涂刷基层处理剂→铺贴卷材附加层→铺贴卷材→热熔封边。

3）CPS-CL 反应粘结型高分子湿铺防水卷材施工工艺流程为：基层处理→弹基准线→试铺裁剪卷材→掀去隔离膜→卷材铺贴辊压排气铺平→搭接缝粘贴密封→卷材收头处理。

4）TPZ 高分子防水卷材施工工艺流程为：基面清理→配置水泥素浆→弹基准线试铺→撕开卷材底部隔离纸→卷材铺贴→辊压排气→搭接封边、收头密封。

（9）管廊基坑回填

管廊基坑回填时应遵循对称原则分层回填，分层、分段、水平压实，下层填土验收合格后，进行上层填筑。填料粒径控制在规范及设计要求以内，严禁大粒径填料进入路基填筑范围内，填筑时从低往高处分层摊铺碾压。对于填挖交界处，填挖台阶搭接极其重要，填挖处不能采用等粒径或大粒径的填料，碾压密实、无拼痕。

3.5　叠合预制装配技术

3.5.1　技术概述

目前国内已经开始应用双层叠合墙结合现浇的城市地下综合管廊。该施工技术充分利用预制与现浇的优点，采用工厂或预制场预制双层叠合墙，运至施工现场拼装，现浇混凝土心墙，形成整体综合管廊结构，如图 3-29 所示。目前双层叠合墙综合管廊施工技术主要有两种形式，一种是底板、侧墙及顶板均采用预制叠合墙拼装的综合管廊；另一种是底板采用现浇，侧墙和顶板采用叠合板的综合管廊。这两种施工工艺各有利弊，其关键技术均采用了叠合预制施工工艺。

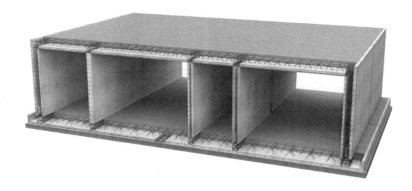

图 3-29　叠合预制装配式综合管廊示意图

3.5.2 适用范围

叠合预制装配技术适用于性质均匀的天然地基或经处理后承载力较好的复合地基，且周边环境较为宽松的明挖管廊工程。

3.5.3 技术特点

(1) 地下工程叠合预制装配技术与传统预制装配技术相比具有以下特点：

1) 采用叠合板或叠合墙技术可以使侧墙和中板或顶板形成整体，且可采用全外包防水形式，故有利于保证整体强度和结构防水效果。

2) 避免了使用灌浆套筒和灌浆作业，大大降低了施工控制难度，并降低了施工成本。

(2) 地下工程叠合预制装配技术与常规全现浇施工技术相比具有以下特点：

1) 采用叠合板或叠合墙技术取消了模板和脚手架以及现场钢筋作业，大大减少了现场的工人用量，缩短了工期，直接降低了成本。

2) 采用叠合板和叠合墙技术，大大改观了结构侧墙和顶板的外观质量，可以免装修。

3) 叠合墙和叠合板技术可以将安装工程的预留预埋提前预制在叠合墙或叠合板上，大大减少了后期安装时的开槽工程量，加快了设备安装的进度，并加强了环境保护。

4) 减少了现场现浇混凝土工程量，有利于文明施工和环境保护。

3.5.4 施工工艺

1. 工艺流程

叠合预制装配技术用于管廊工程时，考虑底板现浇施工仅需少量侧模且可采用定型模板进行快速周转，因此建议管廊底板采用定型钢模板现浇，效率更高，质量效果更好。叠合预制装配结构施工工艺流程主要包含现浇底板施工、叠合墙板吊装、叠合顶板吊装、拼缝处理 4 个阶段，如图 3-30 所示。

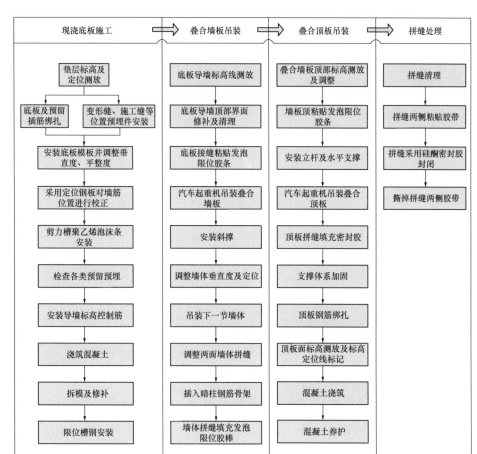

图 3-30 叠合预制装配结构施工工艺流程图

2. 操作要点

（1）现浇底板施工

考虑底板模架投入少、钢筋绑扎作业方便，管廊采用叠合预制装配技术施工时，底板采用现浇工艺施工。现浇底板施工工艺流程如图 3-31 所示。

1）垫层标高及定位复测

施工前复核垫层或保护层标高，允许误差控制在±5mm 以内。在垫层或

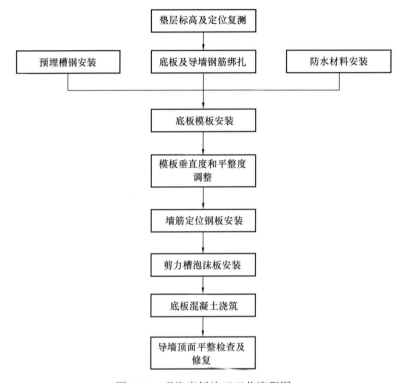

图 3-31 现浇底板施工工艺流程图

保护层基面精准测放钢筋定位线及结构边线。

2）底板及导墙钢筋绑扎

按照设计图纸要求绑扎底板及导墙钢筋，钢筋绑扎过程中要严格控制钢筋间距。钢筋绑扎时同步安装变形缝、施工缝等位置预埋件，以及排水套管、连接节点钢板预埋件等，浇筑前应检查各类预留预埋是否安装到位。底板钢筋绑扎如图 3-32 所示。

3）底板模板安装

叠合墙板构件为工厂预制生产，其结构尺寸及成型效果已经确定，因此要保证叠合墙板构件与现浇底板的拼接效果就必须严格控制现浇底板的施工质量。在进行底板施工过程中，采用钢模板作为模板体系，确保底板成型质量。

图 3-32　底板钢筋绑扎

底板施工时在变形缝与施工缝交界处预留出 500mm 长中埋式止水带及外贴式止水带便于后续接头，同时变形缝处叠合外墙构件预制时，将外贴式止水带一同安装，上下端各留出 500mm 与底板外贴式止水带搭接，搭接时宜采用硫化机加热连接。

4）墙筋定位钢板安装

现浇底板与叠合墙板钢筋的连接采用底板预留钢筋插入叠合墙板预埋的螺旋箍筋的搭接形式，使底板钢筋与叠合墙板可靠连接。因此要严格控制底板竖向预留钢筋的位置，防止出现底板预留钢筋与叠合墙板内螺旋箍筋错位等问题。

如图 3-33 所示，根据叠合墙板内预埋螺旋箍筋位置提前制作定位钢板，定位钢板上根据螺旋箍筋间距开设钢筋定位孔，底板钢筋绑扎时利用定位钢板控制竖向预留钢筋的位置，控制位置偏移量在±10mm 以内，保证底板预留钢筋能与叠合墙板内的螺旋箍筋准确连接。

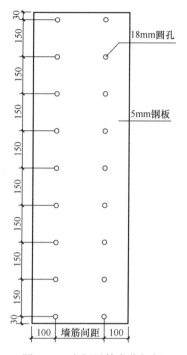

图 3-33　底板甩筋定位钢板

5）剪力槽泡沫板安装

导墙剪力槽成型可采用预埋嵌缝板，并与止水钢板、钢筋连接牢固，防止混凝土浇筑时产生移动。

6）底板混凝土浇筑

混凝土浇筑时应注意对预留筋的保护，导墙顶面根据导墙标高控制筋严格控制标高并收光平整，允许误差控制在±5mm 以内。现浇底板浇筑成型效果如图 3-34 所示。

（2）叠合墙板施工

叠合墙板施工工艺流程如图 3-35 所示。

1）导墙界面修复及坐浆铺设

底板浇筑完成后，将导墙顶部剪力槽内的嵌缝板移除，并用清水冲洗干净。

图 3-34 现浇底板浇筑成型效果

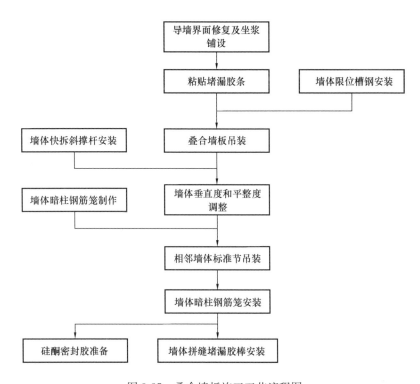

图 3-35 叠合墙板施工工艺流程图

采用水准仪或者水准尺进行底板导墙成型顶面标高测量，超出部分需剔凿干净，不足部分采用不大于 30mm 厚的坐浆调整。

2）粘贴堵漏胶条

底板施工、修补完毕后，在底板导墙顶部靠外沿 5mm 左右粘贴堵漏胶条，外侧采用建筑密封嵌填材料封闭，如图 3-36 和图 3-37 所示。

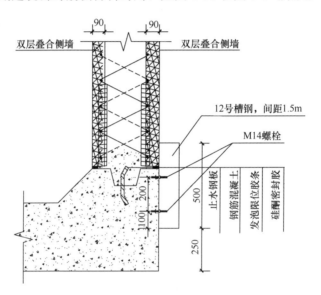

图 3-36　底板与叠合墙板交界面处理详图

图 3-37　粘贴堵漏胶条

3）墙体限位槽钢安装

为保证叠合墙板安装过程中的垂直度，在底板导墙位置安装限位槽钢，限位槽钢采用 12 号槽钢，间距 1.5m 布置，采用膨胀螺栓固定于导墙上，如图 3-38所示。

图 3-38　墙体限位槽钢安装

4）叠合墙板吊装

在叠合墙板吊装过程中，应注意以下事项：

① 叠合墙板拼装过程中，底板竖向钢筋需插入叠合墙板预留的螺旋箍筋中。吊装过程中需安排专人对构件落放进行控制，螺旋箍筋与底板竖向钢筋定位出现微小偏差时，需安排专人进行校核，保证底板竖向钢筋插入螺旋箍筋内。底板竖向钢筋与叠合墙板螺旋箍筋连接如图 3-39 所示。

② 墙体构件吊装应按构件拼接方向依次吊装，不应间隔吊装或超出设定吊装半径吊装。单个构件吊装后安装撑杆固定，固定后方可吊装下一构件。吊装下放时需安排专业装配工人辅助定位。

③ 预制构件从车上起吊时，应对墙板上角和下角进行保护。

④ 吊装叠合墙板时，应采用两点起吊，吊具绳与水平面夹角不宜大于

图 3-39　底板竖向钢筋与叠合墙板螺旋箍筋连接

60°，且不应小于 45°。应保证起重机主钩位置、吊具及构件重心在竖直方向上重合。叠合墙板吊装如图 3-40 所示。

图 3-40　叠合墙板吊装

5）墙体快拆斜撑杆安装

叠合墙板吊装到位之后，在叠合墙板与底板之间及时安装临时斜向支撑。临时斜向支撑采用可调节长度的专用快拆杆件，采用膨胀螺栓固定。每块叠合墙板应不少于两根斜撑杆，撑杆与底板的夹角宜在 40°～50°之间。斜撑杆安装如图 3-41 所示。

图 3-41　斜撑杆安装

6）墙体垂直度和平整度调整

临时斜向支撑两端连接固定后，通过手动旋转斜撑杆调节墙体垂直度，墙体垂直度应满足现行国家标准《混凝土结构工程施工质量验收规范》GB 50204 的规定。墙体垂直度调整如图 3-42 所示。

7）墙体暗柱钢筋笼安装

根据叠合墙板结构节点设计，相邻叠合墙板拼缝处竖向钢筋采用钢筋笼加强连接。叠合墙板吊装完成之后，在相邻叠合墙板连接节点处吊装插入竖向销接钢筋笼，如图 3-43 所示。

8）拼缝处理

相邻叠合墙板连接处竖向拼缝采用发泡限位胶条封堵，外侧采用建筑密封嵌填材料封闭，如图 3-44 所示。

图 3-42　墙体垂直度调整

图 3-43　墙体暗柱钢筋笼安装

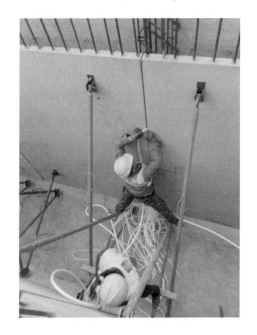

图 3-44　发泡限位胶条安装

（3）叠合顶板施工

叠合顶板施工工艺流程如图 3-45 所示。

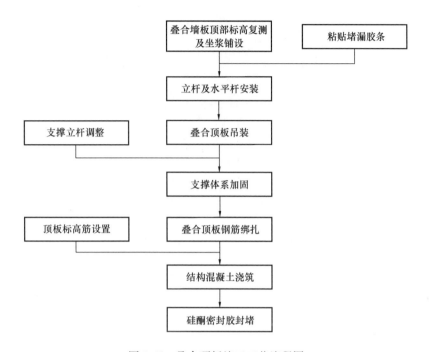

图 3-45 叠合顶板施工工艺流程图

1）墙板顶面清理平整

叠合墙板垂直度调整并固定后，对叠合墙板顶部标高进行复核，超出部分进行打磨，不足部分采用不大于30mm厚的坐浆调整。

墙顶平整度控制在±5mm以内后，在墙板顶面沿外缘纵向粘贴堵漏胶条。

2）竖向支撑安装

叠合顶板吊装前，应在板底设置临时竖向支撑，并通过支撑上的调节器调整顶板标高。顶板临时竖向支撑采用可调节长度的专用快拆杆件，每块标准叠合顶板下立杆按梅花形布置，具体横向间距、纵向间距应根据计算确定。竖向支撑安装如图3-46所示。

3）叠合顶板吊装

叠合顶板吊装宜采用4点起吊，落放时采用人工辅助定位，确保两端支点搁置长度符合设计要求。叠合顶板吊装如图3-47所示。

图 3-46 竖向支撑安装

图 3-47 叠合顶板吊装

4）支撑体系调节、加固

叠合顶板吊装完成后，对竖向支撑立杆进行调节、加固，确保叠合顶板标高和水平度满足设计要求。支撑体系调节、加固如图 3-48 所示。

图 3-48 支撑体系调节、加固

5）叠后顶板钢筋绑扎

叠合顶板上层配筋根据深化设计图布筋，钢筋锚固长度及腋角处附加钢筋应符合设计及相关规范要求。叠合顶板钢筋绑扎如图 3-49 所示。

图 3-49 叠合顶板钢筋绑扎

6）结构混凝土浇筑

混凝土浇筑前，叠合墙板内部空腔应清理干净，叠合预制构件内表面应用水充分润湿。

当墙体厚度小于 250mm 时，墙体内现浇混凝土宜采用细石自密实混凝土。

混凝土浇筑时应分层连续浇筑，浇筑高度不宜超过 800mm，浇筑速度每小时不宜超过 800mm，浇筑前在墙板上标记设计标高定位线，施工完成后对顶板面标高进行复核。

当墙体厚度小于 250mm 时，混凝土振捣应选用 ϕ30mm 以下微型振动棒。

现浇混凝土强度等级应符合设计要求。用于检查结构构件中混凝土强度的试件，应在混凝土浇筑地点随机抽取。叠合顶板混凝土浇筑如图 3-50 所示。

图 3-50 叠合顶板混凝土浇筑

3.6 综合管廊盾构过节点井施工技术

3.6.1 技术概述

综合管廊盾构过节点井施工技术是盾构法综合管廊施工采用拼装钢管片＋混凝土管片空推过节点井的施工方法。盾构隧道施作完成后，需将节点井处空推段管片拆除，拆除管片时需先切割钢管片，再拆除混凝土管片，减少拆除对混凝土管片的破坏，有效解决管片拆除破损严重和拆除效率低等问题。盾构过节点井施工现场如图 3-51 所示。

图 3-51 盾构过节点井施工现场图

3.6.2 适用范围

综合管廊盾构过节点井施工技术适用于盾构法综合管廊过节点井施工。适用于先井后盾施工工艺，即先施作节点井主体结构，盾构后空推过节点井。地面须有吊装孔，便于吊装盾构过节点井型钢导台及材料。从经济角度考虑，采用拼装管片过节点井时，节点井尺寸以≤50m 为宜。

3.6.3 技术特点

综合管廊盾构过节点井施工技术主要采用型钢导台接收盾构机，全拼混凝土管片中增加钢管片，便于盾构过节点井后快速拆除井内混凝土管片。

（1）盾构过节点井导台采用 400mm×400mm H 型钢加工，导台铺设轨道并固定。

（2）钢管片采用 H175 型钢和 20mm 厚 Q235B 钢板焊接而成，以直径 6m 盾构机为例，钢管片结构内径为 5400mm，外径为 6000mm，宽度为 20～50cm（根据洞门管片位置确定）。盾构机千斤顶需顶在钢管片环面向前推进，钢管片拼装施工荷载须满足刚度要求。

（3）钢管片由 6 块组成，即 3 块标准块（中心角 67.5°）、2 块邻接块（中心角 67.5°）、1 块封顶块（中心角 22.5°），采用弯曲螺栓与隧道混凝土管片连接，要求钢管片每块制作精度高，环缝、纵缝及管片螺栓孔位置要精确。

3.6.4 施工工艺

1. 工艺流程

综合管廊盾构过节点井施工工艺流程为：盾构到达→盾构导台安装、固定→接收洞门密封安装及洞门破除→盾构接收→盾构空推、拼装管片（含钢管片）→始发洞门密封安装及洞门破除→盾构二次始发→盾构过井完成。

2. 操作要点

（1）盾构到达节点井前，测量复核盾构机姿态，结合洞门钢环实际位置，调整盾构机姿态，确保盾构机按照设计线路进入节点井内。

（2）盾构到达节点井前，在节点井内安装过井型钢导台（兼作接收架），盾构过节点井型钢导台尺寸应符合盾构机尺寸型号及节点井底板、洞门中心标高要求，盾构空推型钢导台轨道涂抹润滑油，以减小空推阻力。在洞门钢环底部与过井型钢导台之间焊接导向轨。

（3）在节点井内拼装钢管片，钢管片外径、内径、分块角度及螺栓孔位置与混凝土管片一致，钢管片宽度应根据节点内始发洞门处管片位置确定，以20～50cm为宜。

（4）使用盾构机的管片安装模式拼装管片将盾构机往前移动，在节点井内拼装一环钢管片。

（5）当节点井内管片脱离盾壳后，管片周围无约束，其在推力作用下易变形，为此将在每环管片上用一道钢丝绳将管片和过站型钢导台箍紧，同时用木楔子进行支撑加固。

（6）在节点井内检修设备及更换损坏部件。

（7）安装洞门密封及破除洞门，在节点井内进行盾构二次始发。

（8）盾构掘进100m时停机，拆除节点井内管片。首先用氧气乙炔切割节点井内钢管片，再拆除混凝土管片，顺序为由上至下交替拆除，保留底部管片。

（9）拆除节点井内水平运输电机车轨道，再拆除底部管片及型钢导台，清理节点井。

（10）在节点井内安装型钢马凳，铺设电机车轨道，恢复盾构掘进。

3.7 预制顶推管廊施工技术

3.7.1 技术概述

预制顶推管廊施工技术是一种综合管廊暗挖施工技术，利用土压平衡矩形顶管机切削土体，液压千斤顶提供顶推力进行施工。预制顶推管廊施工技术是一种管节全部采用预制厂预制、管壁注射减阻泥浆减小施工阻力、机头注射土体改良浆液维持土压平衡的半自动施工方法。预制顶推管廊施工技术具有对地面交通基本无影响，且不影响地下管线，施工控制精度高，对周边环境影响小的优势。

目前在顶管施工技术方面，圆形顶管无论在理论研究还是工程实践中，都已经获得了大量的成果与应用，而矩形箱涵顶进技术在我国尚处于推广发展阶段（五刀盘式土压平衡矩形顶管机如图 3-52 所示）。当然，圆形顶管与矩形箱涵顶管有着大量可相互借鉴的施工技术，然而在综合管廊大断面浅覆土顶进施工中，由于理论尚不完善，仍存在许多需要重点考虑的施工技术，主要有：长距离顶进施工技术、曲线顶管施工技术、线位纠偏技术等。

图 3-52　五刀盘式土压平衡矩形顶管机

3.7.2　适用范围

预制顶推管廊施工技术适用于城市交通要道或规划管廊上方有不能拆迁障碍时的管廊施工，适用于软土地层。

3.7.3　技术特点

（1）施工工作井较小，可减少占地面积。

顶管机施工比明挖施工或其他方式施工占地面积小，更便于开展施工。

（2）不开挖路面、不封闭交通、不占用道路资源、不需要进行交通疏解。

与明挖施工相比，顶管机施工不需要开挖破坏已有路面或建筑物，不需要封路，不影响交通通行，能够保证城市交通运营能力。施工不需要占用道路资源，无需交通导行和交通疏解，大幅节约了交通疏解和占用道路的施工成本。

（3）不受地下管网限制、不用对地下管线进行改迁。

无明挖沟槽，不破坏地下已有管线，从而无需对地下已有管网进行改迁，相对明挖施工降低了改线的施工成本。

（4）对周边环境影响最小。

明挖施工会造成道路尘土飞扬、噪声扰民。而矩形顶管施工为地下暗挖施工，施工过程无外露土方作业，无扬尘，无较大噪声，是交通要道和对市容要求较高部位进行管廊施工的优选方案。

（5）与其他暗挖方式相比，顶管机施工更安全。

在施工过程中由顶管机完成最危险土体挖掘作业施工，且土体改良及纠偏均由顶管机完成，相对于人工暗挖施工具有显著的安全性，能大幅降低施工安全隐患。

3.7.4 施工工艺

1. 工艺流程

预制顶推管廊施工工艺流程为：测量放样→安装机架、后靠、主顶装置→设备调试→顶管机进洞→顶管顶进→吊放垫块或管节→顶进测量→顶管机出洞→顶管机分解→吊出接收井→浆液置换→拆除管内设备、嵌缝、清理、接头处理。

2. 操作要点

（1）洞门止水装置安装

发射机及后靠顶力系统安装到位后，为防止顶管机进出预留洞导致泥水流失，并确保在顶进过程中压注的触变泥浆不流失，必须在工作井与接收预留洞上安装洞口止水装置。该装置采用安装洞口密封压板及帘布橡胶板的措施，如图 3-53 所示。

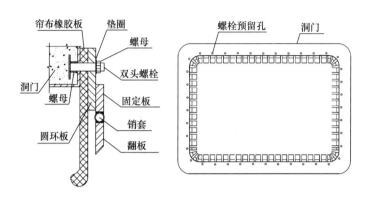

图 3-53 洞口密封压板及帘布橡胶板

（2）止退装置安装

由于顶管机断面较大，前端阻力大，实际施工中，即使管节顶进了较长距离，每次拼装管节或加垫块时，主顶油缸一回缩，机头和管节仍会一起后退20～30cm。当顶管机和管节往后退时，机头和前方土体间的土压平衡会受到破坏，土体面得不到稳定支撑，易导致机头前方土体坍塌，若不采取一定的措施，路面和管线的沉降量将难以得到控制。在发射架前基座的两侧各安装1套止退装置，当油缸行程推完，需要加垫块或管节时，将销子插入管节的吊装孔，再在销座和基座的后支柱间放进钢垫块和钢板。管节的后退力通过销子、销座、垫块传递到止退装置的后支柱上。将止退装置和基座焊接在一起，把管节稳住。为了减少管节的后退力，在管节上插入销子，在止退前应将正面土压力释放到0.09MPa。止退装置安装如图3-54所示。

（3）管节注浆减摩

为减小土体与管壁间的摩阻力，提高工程质量和施工进度，在顶管顶进的同时，向管道外壁压注一定量的润滑泥浆，变固态摩擦为固液摩擦，以达到减小总顶力的效果。顶管机头部配置8个注浆口，管节处配置10个补浆孔进行补浆减阻。顶进时压浆孔要及时有效地跟踪压浆，补压浆的次数和压浆量应根据施工时的具体情况来确定。

触变泥浆由膨润土、水和掺加剂按一定比例混合而成，触变泥浆的拌制要

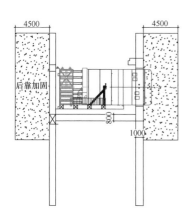

图 3-54 止退装置安装

严格按照操作规程进行，施工期间要求触变泥浆不失水、不沉淀、不固结，既要有一定的黏度，也要有良好的流动性。压浆是通过注浆泵将泥浆压至机体及管壁外。施工过程中，在压浆口装有压力表，便于观察、控制和调节压浆的压力，目标控制值为 0.3MPa。

触变泥浆的用量主要取决于管道周围空隙的大小及周围土质的特性，由于泥浆的流失及地下水等作用，泥浆的实际用量要比理论值大得多。为了保证注浆效果，砂砾层注浆量应取理论值的 5～8 倍。但在施工中还要根据土质情况、顶进状况、地面沉降要求等作适当调整。管节注浆如图 3-55 所示。

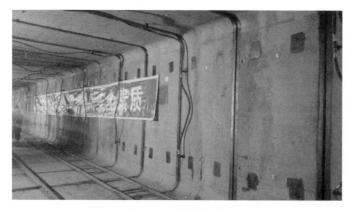

图 3-55 管节注浆

1）注浆孔及压浆管路布置

压浆系统分为两个独立系统。一路是为了改良土体的流塑性，对机头内及螺旋机内的土体进行注浆；另一路则是为了形成减摩浆浆套，而对管节外的土体进行注浆。

2）压浆设备及压浆工艺

采用泥浆搅拌机进行制浆，按配比表配制泥浆，泥浆要充分搅拌均匀。压浆泵采用 HENY 泵，将其固定在始发井口，泥浆搅拌机出料后先注入储浆桶，储浆桶中的浆液拌制后需经过一定时间方可通过 HENY 泵送至井下。

3）注浆施工要点

注浆设置专人负责，保证触变泥浆在施工期间不失水、不固结、不沉淀。严格按照注浆操作规程施工，触变泥浆充填顶进时所形成的建筑空隙在管节四周形成一个泥浆套，从而减小顶进阻力和地表沉降。注浆时应遵循"先注后定、随顶随压、及时补浆"的原则。

（4）渣土改良

根据施工现场实际情况，需向舱内加入浆液对渣土进行改良，使渣土具有较好的塑性、流动性和止水性。渣土改良分为泡沫改良和膨润土改良，一般使用膨润土改良。膨润土改良采用一级钠基膨润土，该膨润土具有起浆快、造浆高、滤失低、润滑好等特点。渣土改良如图 3-56 所示。

图 3-56　渣土改良

（5）主要施工技术参数的控制

顶管顶进速度是保证切口土压力稳定、正面出土量均匀的主要手段，所以在顶进时应不断调整顶进速度，找出顶进速度、正面土压力、出土量三者的最佳匹配值，以保证顶管的顶进质量，也能让顶进设备以最和顺状态工作。

（6）顶进轴线的控制

顶管在正常顶进过程中，必须密切注意顶进轴线的控制。在每节管节顶进结束后，必须进行机头姿态的测量，并做到随偏随纠，且纠偏量不宜过大，以避免土体出现较大的扰动及管节间出现张角。

（7）洞门封堵

顶管进、出洞后，立即安排进、出洞门的封堵工作，将洞门与管节间的间隙封闭严密后，进行首尾三环的填充注浆。注浆采用双液浆，保证注入量充足，并控制好注浆压力。待填充区域的强度达到 100% 后，方可进行洞门施工，进、出洞后，立即用钢板将管节与洞圈焊成整体，并用水硬性浆液填充管节和洞圈的间隙，减少水土流失。洞门封堵如图 3-57 所示。

图 3-57　洞门封堵

（8）浆液置换

顶管结束后，选用 1∶1 的水泥浆液，通过注浆孔置换管道外壁浆液，根据不同的水压力确定注浆压力，加固管廊外土体，消除对管廊今后使用过程中产生不均匀沉降的影响。

3.8　哈芬槽预埋施工技术

3.8.1　技术概述

哈芬槽预埋件是替代传统钢板焊制预埋件的一种新型施工材料，由于综合管廊后期需安装各种管线及管道，支架系统纷繁复杂，传统钢板焊制预埋件预制加工周期长、质量合格率低，在安装过程中经常与结构主筋相碰，导致预埋件位置偏差大，严重影响后续管道支架安装，并且后期管道支架焊接的工作量巨大，质量合格率保证困难，严重影响后期管道及设备安装工期。哈芬槽预埋是通过木螺钉把哈芬槽精确定位并固定在相应的模板上。

哈芬槽预埋件由槽钢、锚筋、T 形螺栓组成（哈芬槽构造见图 3-58）。槽钢与锚筋材质均为 Q235B；槽钢与锚筋通过焊接或铆接形式连接；T 形螺栓为 8.8 级高强度螺栓，常用规格为 M16 和 M20，T 形螺栓与槽钢通过螺栓连接。

(a) 槽钢、锚筋　　　　　　　　　　(b) T形螺栓

图 3-58　哈芬槽构造

哈芬槽预埋件带有镀锌层，具有良好的防腐能力；哈芬槽预埋件构造简单、体积小，便于工厂标准化生产和现场安装。

3.8.2 适用范围

哈芬槽预埋施工技术适用于所有综合管廊支架安装体系施工，同时适用于混凝土幕墙、预制混凝土板块、管道支撑系统及砖砌结构支撑等。

3.8.3 技术特点

与传统的预埋钢板相比，槽式预埋件易于预埋、后期施工简单、可调节、不需要焊接、不需要另外做防腐；与后置锚栓相比，槽式预埋件定位容易、施工快捷、不存在打断钢筋破坏结构的风险，因此可加快施工进度、节省施工费用。

哈芬槽预埋施工技术通过定位木模精准定位哈芬槽预埋件位置，保证 T 形螺栓的工作长度和受力状态，使得成型后的 C 形槽能够均匀受力，与组件保持良好的工作状态。

结合综合管廊自身结构及哈芬槽预埋件的特点，为有效避免因剪力墙钢筋密集而影响哈芬槽的精确预埋，在哈芬槽槽钢的侧面设置 $\phi3mm@200mm$ 孔洞，自攻螺钉使用电动螺丝刀打入，将哈芬槽固定在模板（木模）上，如图 3-59 所示。此施工方法解决了在狭小空间的剪力墙内预埋哈芬槽的问题，以及剪力墙内双面安装哈芬槽的问题。适用于长度较长的哈芬槽预埋，一次性预埋，工序简洁。

3.8.4 施工工艺

1. 工艺流程

哈芬槽预埋施工工艺流程为：施工准备→通长圆钢绑扎→哈芬槽接地与绑扎→哈芬槽固定→配合土建拆模→清理哈芬槽→电力/通信线路水平支撑杆安装。

图 3-59　自攻螺钉固定哈芬槽

2. 操作要点

（1）施工准备

1）现场条件

当土建剪力墙钢筋绑扎完毕，结构标高已办理书面移交，顶板支模已完成，便可开始哈芬槽的安装施工。

2）材料一般要求

①焊缝高度必须达到设计要求；②焊角没有咬边现象；③镀锌应均匀；④所用材料符合设计要求；⑤加工尺寸与设计图一致。

3）材料特殊要求

大量实践表明哈芬槽预埋件的破坏通常表现为 T 形螺栓的拉断、剪断及拉剪破坏。所以在 T 形螺栓与哈芬槽槽钢的接触面设置 1～2mm 刻痕以增加 T 形螺栓摩擦面的摩擦系数，提高哈芬槽预埋件节点的受力性能。

（2）通长圆钢绑扎

在哈芬槽预埋侧绑扎 3 根通长 ϕ14mm 圆钢（主体受力钢筋不允许焊接），作为哈芬槽预埋的焊接点，并与主体防雷钢筋可靠焊接，且搭接长度不小于主体钢筋直径的 6 倍。

（3）哈芬槽绑扎

按照预埋件点位布置图及标高尺寸，根据土建梁柱尺寸控制线，在钢筋上视具体情况用红笔画出预埋件埋设控制线。

根据控制线临时绑扎哈芬槽，先固定底端，再固定顶端，中间绑扎一道。

（4）哈芬槽固定

剪力墙上预埋哈芬槽如图 3-60 所示。哈芬槽安装固定流程为：哈芬槽初步固定→哈芬槽底部固定→水平尺（线坠）找正→哈芬槽顶部固定→哈芬槽满打螺栓→混凝土浇筑→拆模→清理填充料。

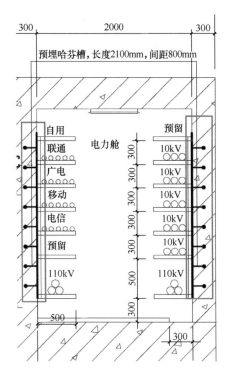

图 3-60　哈芬槽安装位置示意图

1）哈芬槽初步固定

管廊剪力墙钢筋绑扎完成后，根据图纸确定哈芬槽的水平间距及标高，将哈芬槽绑扎在钢筋上，固定不宜太牢固，只固定哈芬槽顶部即可。

2）哈芬槽底部固定

与木工配合，先封靠近哈芬槽侧的木模，哈芬槽作业人员在剪力墙的另外一侧，用电动螺丝刀配加长的批头将自攻螺钉打入哈芬槽的底部孔洞，且自攻螺钉要锁在木模上，先固定哈芬槽底部，待哈芬槽垂直度调整完成后再固定其顶部。

3）水平尺（线坠）找正

水平尺从顶板上插入，因现代水平尺带磁性，所以水平尺可以吸附在哈芬槽上，工人可以在顶板上观察哈芬槽的垂直度，在剪力墙外侧的工人可根据顶板上工人的要求调整哈芬槽，直到哈芬槽达到设计要求的垂直度。

4）哈芬槽顶部固定

哈芬槽找正完成后，固定其顶部，使其不能水平摆动，保证哈芬槽的垂直度。

5）哈芬槽满打螺栓

哈芬槽的背部每个栓钉后都配有两个孔洞，为了保证哈芬槽在混凝土浇筑时不移动，必须满打白攻螺钉。

（5）配合土建拆模

待混凝土达到设计要求的强度后，拆除 T 形螺栓的螺母，以便木工拆模。

（6）清理哈芬槽

利用专用工具清理哈芬槽内的填充物，注意工完场清，如图 3-61 所示。

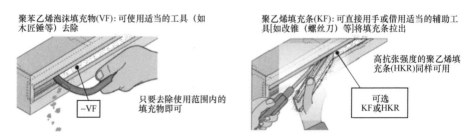

图 3-61　清理哈芬槽

（7）线路支架安装

混凝土浇筑完成后，进行混凝土养护，达到设计强度后拆模，拆模完成后清理哈芬槽内的填充物，最后安装成品支架。

3.9 受限空间管道快速安装技术

3.9.1 技术概述

综合管廊纳入的管道主要包括燃气管道、热力管道、给水及再生水管道、垃圾真空管道等，随着技术的进步，雨污水管等常压管道也逐步纳入管理。而从入廊管线材质看基本上有以下几类：HDPE 管（单根 12m）、球磨铸铁管及镀锌钢管（单根 6m）、焊接钢管（10～12m）。综合管廊内管线以干线管道为主，大直径管道的安装就位是关键和重点。根据管线安装和景观美化的要求，综合管廊每隔 200m 左右设置一个卸料口，其尺寸仅满足入廊给水管、中水管、垃圾真空管等管道的单节长度要求，一般为 3～6m，管道安装施工时均需要分节入廊，廊内拼装。管廊内材料设备的运输全靠从吊装口逐根倾斜吊入，管道吊入管廊后，需及时移位从而为后续管道吊入管廊腾出空间。

管道安装施工时，一般根据管道支架的间距将管道切割成略小于支架间距的管段，将管段按顺序运至管道支架附近，使用人力或机械将管段吊至管廊内，然后焊接成整体。在这个过程中，管段的运输、搬运占据了大量的时间和人力，尤其是对于地下管廊，本身空间小，与地面的通道少，内部空气污浊、光线不好，无法使用机械，采用人力的方法布管不但时间长，还存在一定的危险性。管段焊口多，多为空间固定口，操作空间小、操作难度大，且焊接设备需不断地移动，浪费大量的时间。

大口径管道入廊后，无法像小口径管道一样靠人扛、平板小车进行倒运，只能靠运输方案、安装方案的优化及新型运输工具来实现运输安装。

鉴于上述问题，各管廊施工单位均开展了管道运输方法的研究，并形成了受限空间管道快速安装技术。当前常用的管道快速安装技术有管道运输小车、钢管滑道、双头轨道车等。本书介绍的"管道传送器运输技术"是一种管道快速运输技术。管道传送器运输技术是待管道支架安装完毕后在支架上安装管道传送器，利用捯链或起重机将管道吊运至管道传送器上，将管道沿管道传送器的传动轮逐段逐条顺序推入管廊中，在管道传送器上对管道进行焊接，边焊边推，直到整个管线安装完毕。管道传送器运输技术原理如图 3-62 所示。

图 3-62　管道传送器运输技术原理

3.9.2　适用范围

管道传送器运输技术适用于管廊内管径 $\phi100\sim600mm$ 的管道运输就位，尤其适用于距离长、支架多、管线密集、空间有限的工业与民用项目管廊管道的施工。

3.9.3　技术特点

管道传送器运输技术的关键是在支架上安装管道传送器，通过管道传送器来减少和降低管道在支架横梁上水平推动的摩擦力，管道在管道传送器上边焊边推，克服了传统先上管后焊接支架横梁工艺工效低、高位焊接质量差的缺点。

管道传送器运输技术施工简单、成本低，实现了管道的快速安装，降低了焊接作业对管廊内施工环境的影响。同时利用管道传送器可调轮距的功能，可实现管廊内不同管径管道的安装就位，提高管道传送器的周转再利用率，大大节省施工成本，实现各系统管道在管廊中快速优质安装。

3.9.4 施工工艺

1. 工艺流程

管道传送器运输技术施工工艺流程为：施工准备→深化设计→支架预制→支架安装→管道传送器安装→管道安装→调试检测→竣工验收。

2. 操作要点

（1）管道传送器的制作

管道传送器构造和安装示意分别如图 3-63、图 3-64 所示。

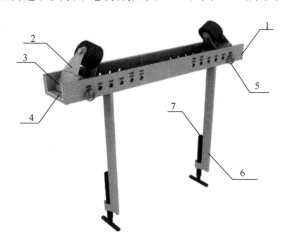

图 3-63　管道传送器构造图

1—横梁；2—传动轮；3—固定角板；4—固定板；

5—销钉；6—固定拉杆；7—锁紧螺栓

管道传送器由横梁、传动轮、固定拉杆、锁紧螺栓、固定角板、固定板、销钉组成。传动轮、固定角板、固定板为活动单位，横梁两侧钻有多个固定孔，用以调节传动轮间距并采用销钉固定，从而满足不同管径管道的传送需求。

（2）支架施工

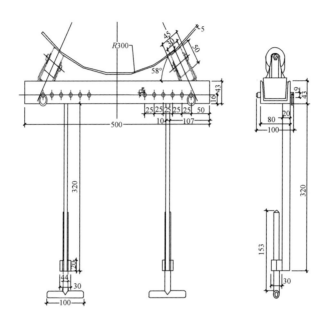

图 3-64 管道传送器安装示意图

1）放线

首先确认主体结构轴线及各面中心线。以中心线为基础，按照图纸尺寸将管道位置标示出来。根据管道支架间距要求排布支架，并根据支架形式确认支架位置。

2）钻孔

支架根部吊环、垫板的开孔采用机械钻孔工艺，根据支架位置的划线钻孔。

3）固定板安装

首先进行受力计算，据此选择合适的膨胀螺栓安装固定板。固定板安装时尽量安装在梁、柱上，膨胀螺栓埋设时应与结构面垂直，生根牢固。

4）支架安装

安装支架时要根据管道位置找正标高、中心及水平中心。保证支架尽量最大面积接触到固定板，全长度满焊不得小于 4mm。焊接完成后及时对焊接部位进行防腐处理。

（3）管道传送器安装

管道支架施工完毕后进行管道传送器的安装。安装前清理管道支架上的杂物，检查支架平整度，选择合适的管道传送器元件。横梁与支杆、轮支撑与固定角板采用焊接方式连接。装置采用螺栓固定在横梁上，轮支撑与轮子采用销钉连接。固定角板连带轮子整体嵌套在横梁上，采用销钉固定。根据管道管径调节横梁上销钉进行定位，以满足施工需要。

（4）管道运输、安装

用起重机从吊装口将管道运至管廊层，由于吊装口位置、管廊内高度及宽度的限制，存在两种吊运形式，一是直接将管道吊运至管道支架上，二是先将管道吊运至管廊地面后再水平运输至管道支架上。

1）直接吊至管道传送器上

如图 3-65 所示，管道支架安装完成后，在预留吊装口位置的正式支架上设置辅助支架，并在管道支架上设置管道传送器，管道通过起重机直接吊至管道传送器上，并通过管道传送器直接进行运输。

图 3-65 将管道吊至管道传送器上直接运输

2）管廊内管道水平运输后吊至管道传送器上

由于吊装口位置设置无法将管道直接卸至管道支架上，或有时地面着急施工难以逐根将管道吊至管道传送器运输时，可先将管道吊至管廊内然后水平运输后再利用管道传送器进行吊装和推进。

将管道运输到吊装口，采用汽车起重机或履带起重机吊装入廊，放置在运输小车上，然后利用卷扬机牵引运输小车，在管廊内运输到安装地点，如管道不能直接运走，应放置在带橡胶垫的道木或沙袋上。管廊内管道吊装与推进利用双捯链配合，捯链生根利用土建预埋吊钩或者在管廊顶部打膨胀螺栓。管道吊装与推进过程如表 3-3 所示。

管道吊装及推进过程	表 3-3
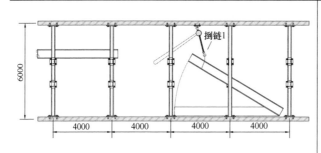	测量尺寸，将管道传送器固定在支架上，吊运处支架过梁去掉，管道移到两道过梁之间，挂上捯链 1，调整管道水平位置，收紧捯链 1，先提起管道一端
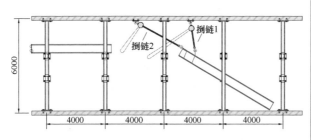	挂上捯链 2，同时收紧捯链 1、2，使管道慢慢向左上方移动，并慢慢转至水平位置。将管道平放在管道传送器上。保持管道水平向左移动，进行管道组对
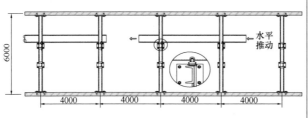	提供水平推力将管道沿管道传送器向前推进。保持管道水平向左移动，进行管道组对、焊接

3.10 预拌流态填筑料施工技术

3.10.1 技术概述

在各类工程基槽回填施工过程中，往往会遇到基槽回填空间狭窄、回填深度较大、回填土夯实质量不稳定、回填土质量要求高等难题。预拌流态填筑料是针对以上难题而专门创新出的一种建筑材料，其根据工程需要和岩土特性，利用当地的固体废弃物制备专用的高效岩土固化剂，就地取土，加入固化剂和水，搅拌成流动性强、自密实性好的混合料，通过浇筑和养护，硬化后形成具有一定强度的岩土工程材料。

3.10.2 适用范围

（1）预拌流态固化土桩、止水帷幕。采用特殊设备将土从地下取出后，经过地面机械预拌，形成预拌流态固化土浆，同时将预拌流态固化土浆灌入或压入孔中形成预拌流态固化土桩。作为复合地基的增强体使用，或固化流塑状土体使用，或形成预拌流态固化土桩墙结构作为止水帷幕使用。采用该工艺施工的预拌流态固化土桩具有拌制均匀、强度高等特点。

（2）垫层施工、地基换填、地面固化。预拌流态填筑料由于具有类似于混凝土的工作性能，可作为施工垫层材料、地基换填使用，也可作为固化地面使用。

（3）市政道路。预拌流态填筑料具有一定的强度和流动性，可作为市政道路的基层材料使用。预拌流态填筑料具有自密实性，施工时不再需要大型机械进行碾压处理，节约了施工成本。

（4）肥槽、矿坑、采空区回填。深基础施工完成后肥槽部位的回填一直是施工的控制重点和难点，采用预拌流态填筑料，利用其流动性和强度可解决该问题。预拌流态填筑料还可用于矿坑和地下采空区的回填。

预拌流态填筑料应用范围如图 3-66 所示。

(a) 道路基层　　　　　　　　　　(b) 固化土桩

(c) 肥槽回填　　　　　　　　　　(d) 坑穴回填

图 3-66　预拌流态填筑料应用范围

3. 10. 3　技术特点

预拌流态填筑料具有流动性好、可泵送的特点。拌和均匀后的预拌流态填筑料坍落度为 8～20cm。预拌流态填筑料硬化后强度为 0.5～10MPa。拌和时根据土质和设计要求加入外加剂。预拌流态填筑料可以根据使用要求调整配合比，使其具有不同强度和流动性。

预拌流态填筑料采用高效岩土固化剂固化细颗粒土（淤泥质土、粉土、黏土、风化岩颗粒等），它就地取材，利用工地开挖的废弃土经特殊工艺加工后返用于工程。根据各施工部位的设计要求，制备不同强度等级的预拌流态填筑料，能有效填补预拌混凝土在超低强度方面的空白，其流动性强于混凝土，施工无需振捣，又可有效地降低成本，不受原材料市场影响，可快速完成施工。

3.10.4 施工工艺

1. 工艺流程

预拌流态填筑料施工流程如图 3-67 所示。

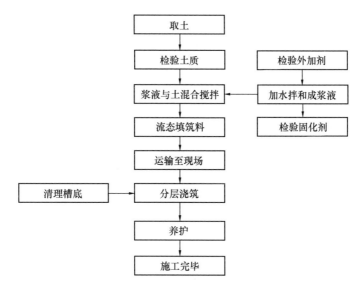

图 3-67 预拌流态填筑料施工流程图

2. 操作要点

（1）原材料的选择及填筑料配合比

根据回填现场浇筑条件、拌和用土的土质情况及环境温度，经试配试验验证，确定固化剂及填筑料配合比。拌和用土可以使用基槽弃土经简单筛分即可（不限含水量）。填筑料配合比调试及成品如图 3-68 所示。

（2）预拌流态填筑料

1）拌和系统

预拌流态填筑料采用填筑料搅拌站（图 3-69）集中进行拌和，也可现场

图 3-68　填筑料配合比调试及成品

图 3-69　填筑料搅拌站

拌和。该套设备主要由固化剂贮存及浆液制备贮存系统、土筛分计量输送系统、填筑料制备系统以及控制系统组成，其平面布置如图 3-70 所示。单套设备总功率为 250kW，24h 产量为 1200m³。单套设备占地面积约为 200m²，拌和场地可设置在现场堆土区域，也可设置在空闲区域。

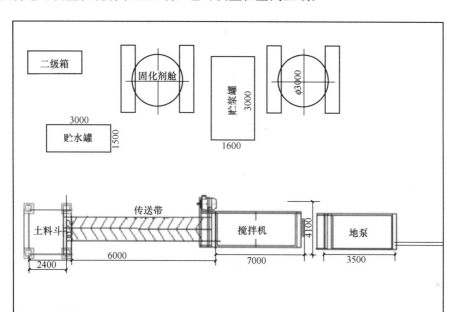

图 3-70 填筑料搅拌站平面布置图

2）拌和流程

首先将固化剂、粉煤灰、外加剂等与水按配合比投入浆液拌和器混合成浆液，再将固化剂浆液与土投入搅拌器拌和成填筑料。

3）拌和要求

拌制混合料时，各种衡器应保持准确，对材料的含水率应经常进行检测，据此调整固化剂和水的用量；配料数量允许偏差（以质量计）：固化剂为±2%，粉煤灰为±3%，外加剂为±2%；填筑料流动性状检查采用坍落度指标控制，坍落度检测办法参照混凝土坍落度检测执行；由于进行配合比试验时土的质量是按干重度计算的，因此拌和时土的含水量会影响填筑料的坍落度，拌和用水量应根据实际坍落度及时进行调整；混合料应使用专门机械搅拌，搅拌时间 2min，以搅拌均匀、和易性及流动性满足要求为准；外加剂应先调成适当浓度的溶液再掺入拌和；填筑料拌和过程中应进行试块留置，每个台班留置不宜少于 3 组，试块尺寸可选用 100mm×100mm×100mm，并应进行 3d、7d、28d 的无侧限抗压强度试验。

（3）预拌流态填筑料浇筑和养护

预拌流态填筑料浇筑可采用泵送和溜槽施工，如果肥槽回填采用分段式浇筑，则需在两端用模板封堵，因填筑料流动性较强，模板封堵要求牢固。分层浇筑厚度可根据模板支撑的稳定性、回填部位和后续施工所需要的标高综合确定。预拌流态填筑料浇筑过程如图 3-71 所示。面层浇筑完成后，安排专人进行覆盖洒水养护，以保证强度增长，期间严禁机械通过。预拌流态填筑料养护过程如图 3-72 所示。

图 3-71　预拌流态填筑料现场浇筑

（4）留样与测试

浇筑部位留置试块，试块尺寸可选用 100mm×100mm×100mm。留样测试 3d、7d、28d 强度。试块成型后，立即用塑料布覆盖，抹面后，继续覆盖，拆模后立即进入标养室进行养护。标养 28d 的试块出强度正式报告。预拌流态填筑料现场留样如图 3-73 所示。

图 3-72 预拌流态填筑料覆盖养护及拆模

图 3-73 预拌流态填筑料现场留样

4 专项技术研究

4.1 U形盾构施工技术

4.1.1 技术概述

U形盾构施工技术是在管廊标准段施工时，利用U形敞口盾构机替代原有基坑支护结构，在盾构机的掩护下进行开挖和预制管节拼装作业，盾构机顶推在拼装好的管节上反向前进。在通过管廊非标准段时，盾构机利用拼装式钢管节传力体系空推通过，继续标准段拼装作业，同时现浇施工非标准段管廊。

管廊明挖U形敞口盾构结构如图4-1所示。盾体截面呈"U"形，因此简称为"U形盾构"，整机主要包括前盾、中盾、尾盾、内部横撑、顶推系统、铰接系统、辅助装置、电力系统、液压系统等。

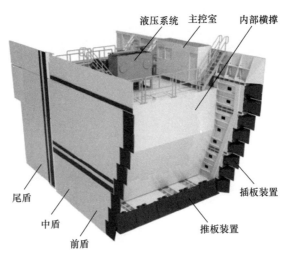

图 4-1 管廊明挖U形敞口盾构结构示意图

前盾、中盾、尾盾盾体均采用模块化组合拼装式结构设计，分别由多块结构通过螺栓连接组成一个整体。盾体之间采用铰接油缸连接，盾体内部安装有内部横撑，用以增加盾体的强度和刚度；顶推油缸安装在中盾盾体内；主控室、液压系统、电力系统、辅助装置等均安装在盾体的内部横撑上，为整个设备提供动力源。

U形盾构前盾两侧设计有可伸缩式插板，底部设计有可伸缩和俯仰的推板。插板装置由油缸驱动，可以单独伸出，用于将基坑两侧墙的土体切削平整，并对两侧墙土体形成一定的超前支护。插板伸出长度的设计既要考虑满足前方掌子面放坡开挖的稳定性，也要兼顾前盾的重心位置，保证前盾不会发生栽头现象，插板伸出的长度一般设计为1～1.5m。推板装置由2组油缸驱动，其中一组油缸用于控制推板伸出和缩回；另一组油缸用于控制推板绕1根固定的转轴上下俯仰，使其与水平面形成±5°的夹角，如图4-2所示。推板装置主要用于控制底面标高，并辅助调节盾构的姿态。

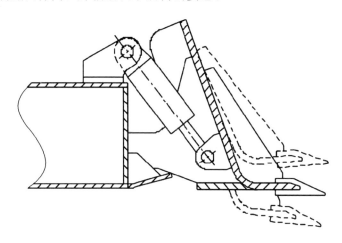

图4-2 U形盾构推板装置

U形盾构采用敞开式外壳作为开挖后土体的围护结构，随盾构推进而循环前进，形成刚性移动式支护结构；两侧伸缩插板插入开挖面两侧土体，作为其临时支护；采用通用设备每挖掘一个管节长度后，吊放管节，然后推进油缸压紧管节，用预应力锚索将相邻管节连接固定，同时推动 U 形盾构前行；已完成段管节的上部和侧部可及时回填、恢复场地。

4.1.2　适用范围

U 形盾构施工技术适用于黏性土、砂质土、砂卵石、砾石土等 $N{\leqslant}50$（N 为标准贯入试验锤击数）的土质地层。适用于开挖深度${\leqslant}12\mathrm{m}$、宽度${\leqslant}14\mathrm{m}$ 的基坑断面。适用于曲线半径${\geqslant}100\mathrm{m}$、10m 范围高差${\leqslant}30\mathrm{cm}$ 的管廊线路。一般一次施工长度${\geqslant}150\mathrm{m}$ 时经济效益较好。

4.1.3　技术特点

U 形盾构施工技术将明挖法开挖与盾构法在盾壳内进行管节拼装相结合，提高了综合管廊明挖法施工的机械化和自动化程度。

U 形盾构施工时，盾体作为开挖时的移动式支护结构，如图 4-3 所示。设备底部和两侧的角部为刚性连接，两侧盾在顶部设置有连系梁，支撑着两侧板，可将盾壳看作刚架受力；盾体两侧承受土压力，底部受坑底土体卸荷回弹的反力作用；同时，盾体底部相比传统明挖法，相当于先行施作了结构底板，可有效减少基底土体回弹。在该受力模式下，基坑开挖对周边土体扰动小，影响范围小，且可有效控制周边土体变形，基坑封闭时间短。

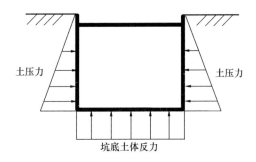

图 4-3　U 形盾构盾体受力模式

4.1.4 施工工艺

1. 工艺流程

U 形盾构在综合管廊标准段的施工工艺流程为：施工准备→始发井与接收井施工→U 形盾构运输、安装→U 形盾构始发、掘进→拼装预制管廊、路面回填→U 形盾构接收、再始发、循环施工→节点及附属施工→综合管廊支架、设备安装→引出口施工并恢复路面。U 形盾构现场施工布置如图 4-4 所示。综合管廊非标准段需要将 U 形盾构空推通过，之后非标准段可采用现浇方式施工。

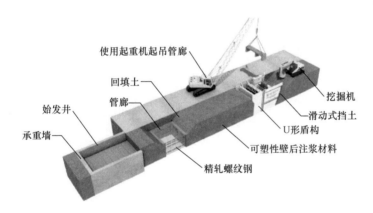

图 4-4 U 形盾构现场施工布置图

2. 操作要点

（1）U 形盾构始发

采用明挖法建造始发井和接收井，围护形式可采用拉森钢板桩、SMW 桩以及钻孔灌注桩等结构。将盾构机吊装至始发井中组拼，在盾构机端墙上安装始发背靠架，调试盾构机及背靠架使之对位密贴，盾构机驱动油缸顶推使其反向推进 2m，然后收缩油缸浇筑 20cm 厚 C20 干硬性混凝土垫层，达到强度后从盾尾工作口吊装管节，待管节连接后，盾构机油缸顶在管节端面上再次进行推进，如此顶进拼装 3 节后，管节纵连成整体依靠摩擦力提供盾构顶推反力，此时拆除背靠架，采用支架现浇法施工管廊主体结构，至此完成盾构始发。

（2）U形盾构推进施工

在管廊标准段内，操控盾构机动力系统低速低压伸出顶推油缸使其与预制管廊端头接触，推动设备前移至开挖坡面，盾构机前盾底部推板处于缩回状态。采用挖掘机开挖、自卸车运输，纵向分层接力式开挖，土方开挖至管廊基底顶约 20cm 时，在前盾前方土方开挖的同时操控盾构机前盾插板由上至下依次伸出，对前部开挖区域侧面形成临时支撑，再伸出前盾底部推板推平基底顶 20cm 预留土，然后低速低压伸出顶推油缸推动设备前移，每次推进不超过 1.2m，根据开挖土体的稳定性可调整尺寸，每推进 2 次拼装一节管节。U形盾构推进施工如图 4-5 所示。

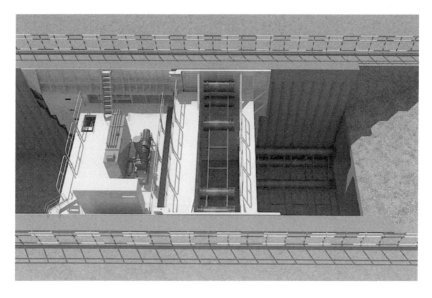

图 4-5　U形盾构推进施工示意图

盾构机完成 2 次顶推后，缩回所有顶推油缸，在盾尾露出约 2m 的管节安装空间，浇筑管廊底部混凝土垫层。

（3）预制管节拼装

将运至施工现场的预制管节安装弹性橡胶密封垫、内嵌遇水膨胀橡胶密封条，吊装管节至尾盾内垫层上，利用盾构机顶推油缸推动管节与上一节管节精准拼接，然后将本节管节与上一节管节进行单端张拉，张拉完成后48h内按要求完成孔道压浆及预应力筋切割封端。管廊拼装完成后，在预制管廊内侧拼缝处预留的凹槽内，注入抗微生物双组分聚硫密封胶嵌缝，用带弧度的专用整形工具进行刮压整形成月牙形。

（4）基坑回填

预制管廊拼装完成后，盾构机向前推进过程中，采用素混凝土浇筑管廊外壁与土体间空隙至管廊顶部位置，采用振动棒振捣密实。管廊顶板以上 0.5m 厚度内回填土采用小型打夯机分层夯实，0.5m 以上回填土采用压路机分层碾压，达到设计的压实度。

（5）管廊非标准段施工

管廊非标准段利用钢管节反力架替代混凝土管节，为盾构机提供顶推反力，钢管节采用 6 根 ϕ609mm 钢支撑进行焊接，中间采用 20b 槽钢进行连接，结构形式如图 4-6 所示。

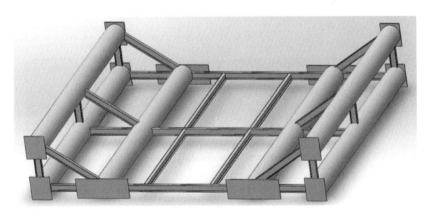

图 4-6 钢管节设计示意图

盾构机刚进入管廊非标准段时，收缩顶推油缸在尾部盾体处形成 2m 空间，使用汽车起重机将钢管节吊装至盾构机尾部，调整至设计位置，通过螺栓连接成整体后调平。盾构机伸出顶推油缸作用在钢管节上，进行顶推，然后安装下一节钢管节，同时对影响盾构机推进的基坑钢支撑进行拆换处理，即拆除前方影响其推进的钢支撑，并安装在盾构机后方，钢管节及钢支撑按上述循环操作直至盾构机空推通过管廊非标准段。部分转弯区域，在弯道外侧连接处加塞钢板调整角度，使盾构机转弯通过。管廊非标准段钢管节安装效果如图 4-7 所示，U 形盾构空推通过如图 4-8 所示。

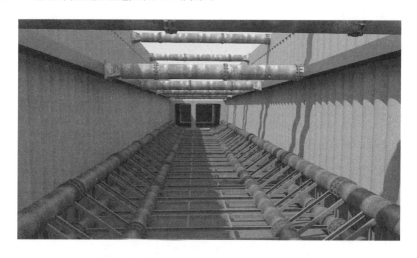

图 4-7　管廊非标准段钢管节安装效果图

图 4-8　U 形盾构空推通过

盾构机通过管廊非标准段后，按照管廊标准段施工方法，拼装 3 节管节连接成整体，管节摩擦力为盾构机提供足够反力进行顶推，拆除管廊非标准段钢管节传力体系，浇筑混凝土垫层，采用支架现浇法施工管廊主体结构。

（6）盾构姿态监测与控制

采用直线激光靶系统和人工测量辅助进行盾构姿态监测。通过盾构铰接油缸控制盾构掘进方向。在始发处设置导向系统激光发射器，在盾构机内设激光靶、摄像头和倾角传感器，盾构机操作员通过激光靶上光束的投射位置及倾角传感器分别判断盾构机当前的掘进姿态、滚动状态。盾构机掘进过程通过人工测量来进行精确定位，以校核导向系统的测量数据并复核盾构机的位置、姿态，确保掘进方向的正确。

（7）管节壁后注浆

一般情况下，若地下水较少，则可以在上下管片之间和相邻管节之间设置 2 道遇水膨胀的橡胶条，相邻管节之间的接缝外侧贴 1 道防水卷材作为外密封。此外，相邻管节之间还可以设计 1 道注浆环槽，当管节之间出现渗漏时，可以向该环槽内填充密封材料以加强管节之间的密封。若地下水丰富，则借鉴盾构法施工的原理，将盾尾底部和两侧封闭，并在管节壁后分 2 次进行注浆作业，以填充管节和地层之间的间隙，如图 4-9 所示。

（8）U 形盾构接收

盾构机施工完成后，进入接收井，将盾构机部件拆除吊出基坑，存放在指定位置。盾构机拆除完毕后，采用支架现浇法施工盾构井部分管廊主体结构。

（9）交叉节点施工

在综合管廊交叉节点处，若管廊断面无变化，可在管节预制时在其侧部或顶部设置相应的孔洞（图 4-10）或可拆卸管节，其施工方法与标准段相同。

若交叉节点处管廊断面出现变化，可先在该地段施作合适的围护结构，待基坑完成后 U 形盾构空推通过，再在基坑内拼装预制构件。交叉节点预制混凝土构件如图 4-11 所示。

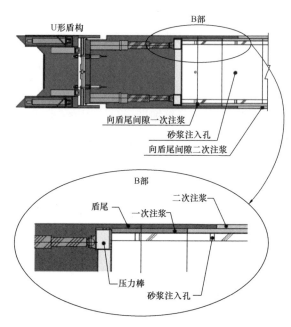

图 4-9 管节壁后注浆

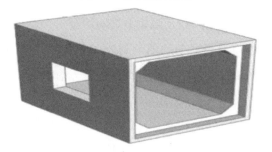

图 4-10 预制管节预留孔洞示意图

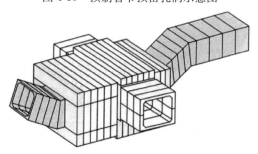

图 4-11 交叉节点预制混凝土构件示意图

4.2 两墙合一的预制装配技术

4.2.1 技术概述

对防水、抗渗要求较高的基坑工程常采用地下连续墙作为临时支护结构，待地下结构施工完成之后，地下连续墙则被弃置于地下。在设计之初假定管廊外墙结构承受全部的土体侧压力及水压力，而在正常使用阶段，被遗弃的地下连续墙仍然承担着大量的土体侧压力，这无形中在工程造价、土方开挖、建造周期方面产生大量的资源浪费。为了解决上述问题，对地下连续墙进行优化设计使其作为永久结构，在满足基坑支护需要的同时又能作为管廊的外墙结构，这样可以取消管廊原有外墙结构，使地下连续墙与管廊外墙合二为一，节省工期、节约造价、节约资源。

针对管廊支护结构尺寸相对较小、施工场地狭长且有限等特点，提出预制装配地下连续墙技术，进一步优化了两墙合一的管廊施工技术。预制装配地下连续墙总体分为上部混凝土实体段与下部混凝土空腔段，其中混凝土实体段作为管廊的外墙结构，混凝土实体段下部预埋直螺纹接驳器与管廊底板钢筋进行连接。预制装配地下连续墙立面如图 4-12 所示。

预制装配地下连续墙两边预留连接槽，相邻两幅地下连续墙连接槽内插入竖向钢筋笼并浇筑混凝土，使地下连续墙连接成为整体。迎基坑面混凝土实体段沿连接槽壁预埋止水钢板与止水嵌缝条，增强预制装配地下连续墙连接部位的防水性。预制装配地下连续墙接头详图如图 4-13 和图 4-14 所示。

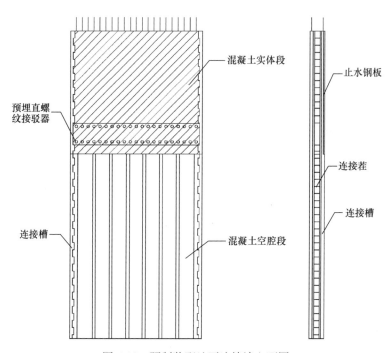

图 4-12 预制装配地下连续墙立面图

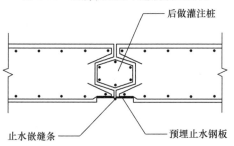

图 4-13 混凝土实体段接头详图

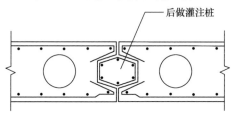

图 4-14 混凝土空腔段接头详图

4.2.2 适用范围

两墙合一的预制装配技术适用于需采取隔水措施的明挖法综合管廊施工，可用于不同埋深、所有舱型种类的综合管廊。

4.2.3 技术特点

两墙合一的预制装配技术采用工厂化预制生产的地下连续墙，可以有效控制墙体质量，相较于常规的现浇地下连续墙，墙体的平整度和墙面的渗漏可以得到有效控制。

两墙合一的预制装配技术中，地下连续墙兼作管廊的外墙结构，不仅比常规的两墙分离设置技术节约了钢筋、混凝土材料，而且减小了基坑开挖面积，减少了基坑开挖土方量。

预制装配地下连续墙分为上、下两部分，上部为混凝土实体，下部在满足正常使用功能的前提下，设计为空腔结构且进行配筋优化，因此能够节约钢筋、混凝土材料。

预制装配地下连续墙为工厂化加工生产，可提前于现场的施工进行预制制作，在现场施工时仅需将预制墙体吊放，节省了现浇过程，并且吊放工作可连续进行，因此能够加快施工进度。

4.2.4 施工工艺

1. 工艺流程

由于管廊顶板有一定的埋深，因此需要先开挖基坑至顶板位置，此阶段基坑可采用钢板桩加钢支撑进行支护。管廊部位土方开挖时，可采用地下连续墙加钢支撑进行支护。管廊顶板施工阶段基坑剖面如图 4-15 所示。

两墙合一的预制装配技术施工工艺流程为：导墙施工→成槽施工→槽底回填碎石→吊装地下连续墙入槽→浇筑接头灌注桩→拆除导墙→打设钢板桩→开挖土方→架设第一道钢支撑→土方开挖至顶板→架设第二道钢支撑→土方开挖

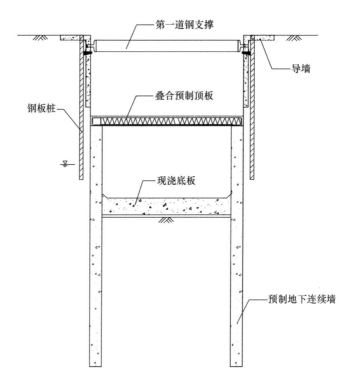

图 4-15　管廊顶板施工阶段基坑剖面示意图

至基底→清理接驳器→施工底板钢筋→浇筑底板→拆除第二道钢支撑→施工顶板→拆除第一道钢支撑→顶板回填→钢板桩回收。

2. 操作要点

（1）预制装配地下连续墙制作

预制装配地下连续墙设计宽度通常为 6m 左右，设计厚度根据受力计算确定。预制装配地下连续墙应在平整地面上进行制作，吊装预埋件、钢支撑预埋件及注浆管应埋设准确，安装波纹管形成混凝土空腔段。预制装配地下连续墙的制作过程如图 4-16～图 4-19 所示。

图 4-16 钢筋及预埋件安装 　　　　　图 4-17 安装波纹管

图 4-18 浇筑混凝土 　　　　　图 4-19 预制装配地下连续墙成型

（2）导墙制作及槽段开挖

槽段的垂直精度控制在 1/500 以内，成槽深度需大于设计深度 100～200mm。槽段宽度两侧需各放大 20mm 左右，确保预制装配地下连续墙顺利入槽。槽段完成并验槽合格后，槽段底部均匀回填碎石以确保预制装配地下连续墙入槽后底部平实，不会出现墙体侧向偏移的现象，回填高度控制在高出墙段埋置底标高 50mm，以增强墙底土体的承载力。导墙及挖槽施工过程如图4-20～图 4-23 所示。

图 4-20　导墙绑扎钢筋及支模

图 4-21　导墙成型

图 4-22　成槽机挖槽

图 4-23　超声波成槽检测

（3）吊装地下连续墙入槽

预制装配地下连续墙采用水平两点起吊，垂直吊入槽段，吊装施工之前应对不同工况进行吊装验算并编制专项方案。预制装配地下连续墙吊装施工如图 4-24 所示。

(a) 吊具与预制装配地下连续墙连接

(b) 吊装用铁扁担

(c) 履带起重机起吊

图 4-24　预制装配地下连续墙吊装施工

（4）接头灌注桩施工

相邻两幅预制装配地下连续墙采用灌注桩进行连接，灌注桩施工工艺流程为：制作钢筋笼→专用小钻机钻孔及冲刷孔壁→安放钢筋笼→安放导管→换浆清孔→接放料斗→投混凝土料→吊车提升浇混凝土→混凝土浇筑至墙顶→拔出导管→成桩结束。

灌注桩施工过程如图 4-25 所示。

（5）地下连续墙墙趾注浆

基坑开挖至地下连续墙顶部，注浆管裸露出来时进行注浆施工。预制装配地下连续墙采用墙趾注浆工艺，水泥为 P.O 42.5 级普通硅酸盐水泥，现场注浆采用 1000L 的拌浆筒拌制浆液。注浆管采用直径 32mm、壁厚 3mm 的钢管，用 20 号钢丝固定在桁架一侧，随预制墙体浇筑，注浆管长度应长于预制装配地下连续墙。

地下连续墙每幅槽段内设置 4 根注浆管，注浆器采用单向阀注浆器，注浆管管底位于槽底以下 20～50cm，确保注浆管不受损坏。注浆管预埋位置如图 4-26 所示。注浆为 1 次进行，注浆压力必须大于注浆深度处土层压力，且注浆压力不大于 2MPa，每根注浆管的水泥用量根据实际施工情况进行调整。

图 4-25 灌注桩施工　　　　　图 4-26 地下连续墙预埋注浆管

4.3 大节段预制装配技术

4.3.1 技术概述

当前的装配式综合管廊断面尺寸较小，常规整节段预制拼装综合管廊单节长度一般为 2～3m，造成管廊拼缝多，不利于防水且造价高，限制了装配式综合管廊的推广应用。长节段、大吨位装配式综合管廊对于吊装、运输以及架设安装等方面工艺要求较高，随着大型提廊机、运廊车、架廊机等专业配套机械设备的研发，成功实现了长节段、大吨位装配式综合管廊的自动化架设，保证了大吨位预制管廊的吊装稳定性和安装精度，大大提升了施工效率。提廊机、运廊车、架廊机的施工如图 4-27 和图 4-28 所示。

图 4-27　预制管廊架廊机和运廊车

图 4-28　预制管廊提廊机

同时，为了保证大节段预制装配综合管廊的顺利生产，解决预制模板在施工中存在的胀模、支撑体系失稳、合模和拆模困难等问题，提高综合管廊整体预制能力和质量，可采用液压模板施工技术进行综合管廊的整体预制。综合管廊预制液压模板结构如图 4-29 所示。

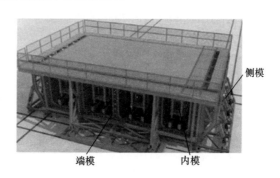

图 4-29　综合管廊预制液压模板示意图

4.3.2　适用范围

大节段预制装配技术适用于标准节段长度小于 15m、吨位小于 500t、坡度小于 5％的预制综合管廊安装及施工。

4.3.3　技术特点

大节段预制装配技术具有施工周期短、结构质量好、防水性能好、易于标准化以及对生态环境影响小等优点，在城市地下综合管廊建设中得到逐步推广应用。

大节段预制装配技术采用自动化机械运输、安装及架设，保证了大吨位预制管廊的吊装稳定性和安装精度，相比现场浇筑提升三分之一的施工效率。

4.3.4　施工工艺

1. 工艺流程

大节段预制装配技术的施工工艺流程总体分为始发管廊节段施工与标准管廊节段施工两个阶段，具体工艺流程如图 4-30 所示。

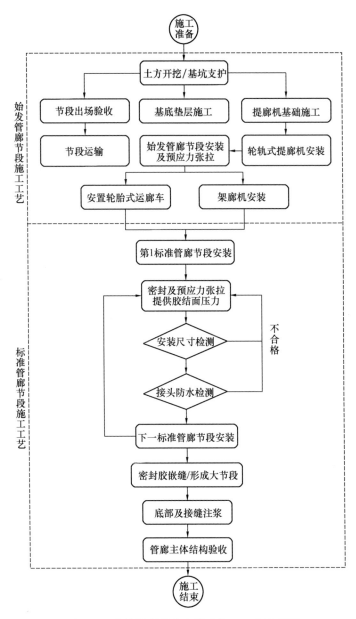

图 4-30　大节段预制装配技术施工工艺流程图

2. 操作要点

（1）始发管廊节段施工

　　首先进行基坑土方开挖并采用拉森钢板桩进行支护，然后进行提廊机基础施工及提廊机安装和调试，通过 2 台轮轨式提廊机进行始发管廊节段架设安装，然后在管廊顶进行架廊机整体拼装，最终完成始发管廊节段施工。始发管廊节段的长度应大于架廊机与运廊车的长度之和并根据实际情况调整。

　　始发管廊节段施工工艺示意如图 4-31 所示。第一，施作管廊基底垫层，为保证吊装管廊与基础表面接触密实，管廊底部与垫层间采用干砂＋后注浆方式处理，铺设的垫层材料为细砂，形成干砂找平层；第二，利用运廊车横向运廊至 2 台提廊机之间；第三，运廊车将管廊横向移到提廊机下，提廊机将待安装管廊节段向已安装管廊节段靠近，使得两节管廊之间间距偏差及轴线偏差均小于 3cm，完成初调定位；第四，管廊节段间横向精确定位采用专用管廊调姿车进行，通过管廊顶面标识线，调整两条标识线起点和终点位置的偏距值，直至偏距值满足安装要求；第五，管廊轴线精确定位后，先将管廊下落至垫层上，预压砂垫层，然后启动天车，提升管廊即将离地（≤1mm），开始钢绞线穿孔并完成张拉预紧工作；第六，将管廊落地，按照上述流程依次安装其余始发管廊节段。

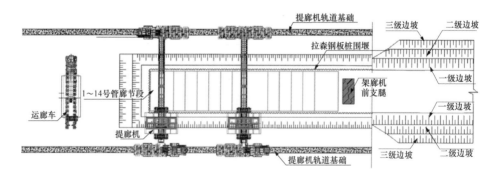

图 4-31　始发管廊节段施工工艺示意图

　　完成始发管廊节段安装后，将架廊机整机分解为散件运输至施工现场，在管廊顶进行架廊机的整体安装，架廊机安装及调试如图 4-32 所示。第一，利用提廊机拼装架廊机前支腿、中支腿、后支腿、主梁及起重天车，架廊机安装完成后通过轨道空载滑移到达标准节段安装位置；第二，利用提廊机在始发管廊节段顶面安置轮胎式运廊车；第三，利用提廊机提廊，将廊段放置于运廊车上；第四，完成始发段建设后，准备开始廊上运廊和廊上架廊施工。

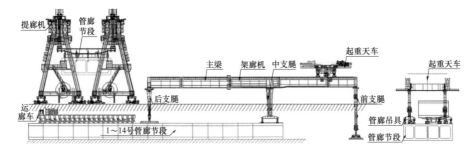

图 4-32 架廊机安装及调试示意图

（2）标准管廊节段施工

始发管廊节段施工完毕之后，进行标准管廊节段施工，其中垫层施工方法与始发段相同。标准管廊节段施工工艺示意如图 4-33 所示。第一，利用运廊车和提廊机进行标准管廊节段转运，运廊车在廊顶运送管廊节段，起重天车移动至架廊机中支腿和前支腿之间，架廊机后支腿保持侧移状态；第二，运廊车行驶至架廊机中支腿和后支腿之间，架廊机侧移的后支腿恢复至闭合状态，起重天车移动至架廊机后支腿和中支腿之间，并连接吊具与管廊间的连接器；第三，管廊节段运输至架廊机前支腿与中支腿之间，利用起重天车回转吊装系统，将管廊旋转 90° 进行落廊操作，随后管廊调姿车使管廊精确对位，之后进行预应力张拉；第四，安装完成后，起重天车保持在架廊机中支腿与前支腿间，打开后支腿，运廊车驶出架廊机。按照上述流程，安装下一标准管廊

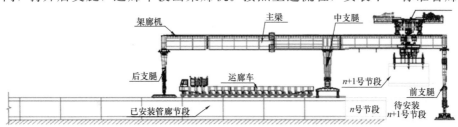

图 4-33 标准管廊节段施工工艺示意图

节段。

由于管廊节段长度不同，架廊机单次可架设的管廊节段数量也不同。当达到架廊机单次架设管廊节段最大数量后，需要将架廊机前移。

1）密封及预应力张拉

预应力张拉采用智能张拉设备，待预制管廊节段安装完成，临时初步和精确定位后，进行预应力张拉。预应力张拉使得被施加预应力张拉管廊节段之间承受压应力，为止水带的密封胶接面提供界面压力，满足管廊接头拼缝处止水带防水性能要求。预应力钢绞线的穿筋孔位于管廊每个舱室的四角（图 4-34），管节拼装应确保接缝密闭、均匀，并且保证管节拼装后弹性遇水膨胀橡胶条界面应力不小于 1.35MPa。

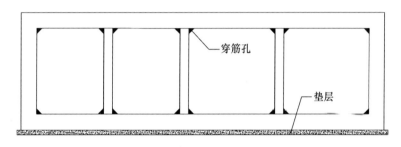

图 4-34　预应力钢绞线穿筋孔位置示意图

采用全断面同步分级预应力张拉，在张拉过程中测量拼缝宽度，直至预紧张拉力达到设计值或者达到 45% 的止水带压缩率（即拼缝宽度 13mm）。预制管廊节段预应力张拉如图 4-35 所示。

2）防水检测

管廊拼装就位后，需要对管廊接头拼缝处止水带进行防水性能测试。第一，管节拼装就位后，安装张拉钢绞线，给密封胶条施加压力，保证接缝宽度不大于 15mm；第二，在设定的注水口位置安装注水装置，排水口位置安装排水阀，并调节好水压表；第三，通过管廊底部注水口向止水带内注水，注水期间打开排水阀，待排气口有水流出时，表明止水带内满水，关闭排水阀，继续向止水带内部注水，待排气口处的水压表读数达到设计水压 0.15MPa 时，关

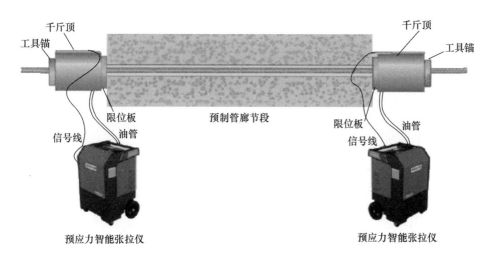

图 4-35　预制管廊节段预应力张拉示意图

闭进水阀；第四，按设计要求进行防水试验，观察止水带是否出现漏水，保压10min，期间观察水压表及止水带情况，若水压表压降小于 10％，且止水带5min 内无喷水、无顺墙漏水，则防水试验合格。

3）底部及接缝注浆

预制管廊初次吊放后，在廊底注浆前，应针对管廊底的垫层密贴性进行冲击回波法密贴性测试。待管廊吊放至砂层上稳定后，利用底板预留的注浆孔向廊底与基底垫层之间注浆，注浆压力取 2MPa 左右，注浆泵的额定压力应大于要求的最大注浆压力的 1.5 倍，通常注浆泵的额定压力为 6～12MPa，额定流量为 30～100L/min。廊底注浆结束后，进行第二次冲击回波法密贴性测试，根据密实度变化评价廊底注浆效果。

4.4　装配式钢制管廊施工技术

4.4.1　技术概述

装配式钢制管廊是指主要承重结构系统为采用预制波纹钢结构墙板部件集

成装配建造而成的综合管廊。装配式钢制管廊一般采用方拱形或圆拱形结构断面，拱形断面可大大提高管廊结构的整体承载力。波纹钢结构墙板部件在地下充分利用管土共同受力原理，强度高，钢制管廊深埋地下可达20m。装配式钢制管廊内部布置如图4-36所示。

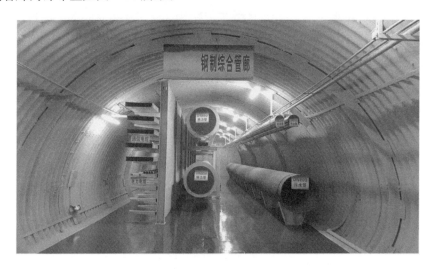

图4-36　装配式钢制管廊内部布置

单舱装配式钢制管廊由上、下、左、右四块外拱的波纹钢结构墙板拼装而成；多舱装配式钢制管廊由多个单舱装配式钢制管廊沿水平方向并排设置，并在舱间缝隙填充混凝土而成，如图4-37所示。

装配式钢制管廊标准节四片墙板之间的连接角为钝角，连接方式一般为法兰连接、螺栓紧固。装配式钢制管廊标准节顶板与侧板连接示意如图4-38所示，底板与侧板连接示意如图4-39所示。板片之间也可以采用焊接型钢钢板并用螺栓紧固的方式进行连接。

装配式钢制管廊管节之间纵向连接一般采用平板式环向法兰对接、螺栓紧固的方式，法兰之间放置环向橡胶密封垫，为了提高防水性能，可在外部增设U形防水密封垫。装配式钢制管廊标准节管节纵向连接示意如图4-40所示。

装配式钢制管廊进行抗上浮设计，一是将波纹板底板与混凝土浇筑，对廊

(a) 单舱装配式钢制管廊断面　　　　　　(b) 双舱装配式钢制管廊断面

(c) 多舱装配式钢制管廊断面

图 4-37　不同断面形式的装配式钢制管廊

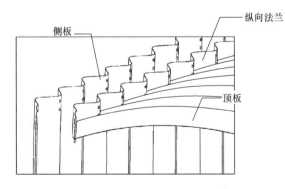
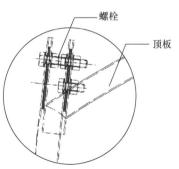

图 4-38　装配式钢制管廊标准节顶板与侧板连接示意图

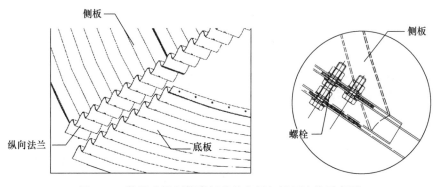

图 4-39　装配式钢制管廊标准节底板与侧板连接示意图

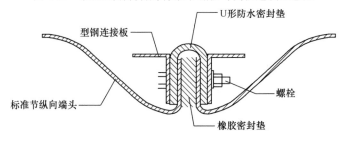

图 4-40　装配式钢制管廊标准节管节纵向连接示意图

体进行配重；二是将抗浮底板适当向两侧延伸，利用外挑部位回填土配重；三是舱底设置抗拔桩或抗拔锚杆等措施。装配式钢制管廊回填期间抗上浮措施如图 4-41 所示。

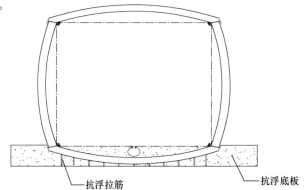

图 4-41　装配式钢制管廊回填期间

抗上浮措施示意图

4.4.2 适用范围

装配式钢制管廊适用于包括软土地质在内的各种地层情况，一般采用明挖基坑，快速拼装之后回填路面的施工方式。装配式钢制管廊施工技术适用于交通运输繁忙、建设周期要求短或地下管线复杂的城市主干道以及配合轨道交通、地下道路、城市地下综合体等建设的工程地段。

4.4.3 技术特点

装配式钢制管廊将钢板加工成带有波纹的拱状波形钢板，提高了结构截面惯性矩和结构强度，同时波形钢板与土体形成管土共同受力效应后，其承载能力得到大幅提高。廊体制造采用标准化设计、工厂化制造，质量易控制，集成化程度高、施工污染减少。钢板表面经热镀锌和热熔结塑料进行双重防腐，提高了结构耐久性。工厂加工成可拼装的拱形板片，在工地现场可快速装配施工。

4.4.4 施工工艺

1. 工艺流程

装配式钢制管廊施工工艺流程总体分为整舱基坑外拼装与管廊基坑内施工两个阶段。整舱基坑外拼装施工工艺流程为：吊装底板并布设密封垫→吊装侧板、紧固螺栓及布设密封垫→吊装顶板并紧固螺栓→在基坑外完成各标准节的拼装。

在基坑外完成整舱拼装后，开始管廊基坑内的施工。装配式钢制管廊在基坑内的施工工艺流程为：测量放线→浇筑垫层→整节吊装至设计位置→多舱结构舱间锁紧紧固→布设节间密封垫→吊装下一节管廊→浇筑底板外侧混凝土→浇筑舱间混凝土→浇筑舱内混凝土→侧墙及顶板回填。

2. 操作要点

（1）安装前应把所需钢结构板片倒运至基坑附近起重机可安全起吊的位置，堆放的构件按种类、型号、安装顺序编号分区放置。

（2）在基坑外进行装配式钢制管廊标准节拼装，对于钢结构板片采用多点起吊的方式，做好吊装防护措施，起吊和移动时应平缓。首先将底板吊放于管枕上，在底板拼接面上铺设密封垫，用扎带固定。然后吊装侧板，侧板吊放到位后，采用刚性支撑稳固住板片，防止侧板倾倒，用螺栓将侧板与底板之间的法兰紧固到位，之后搭设脚手架，在侧板与顶板拼接面处布设密封垫，用扎带固定。最后吊装顶板，将顶板与侧板之间的法兰用螺栓紧固，完成标准节的拼装。基坑外装配式钢制管廊标准节拼装如图 4-42 所示。

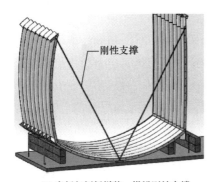
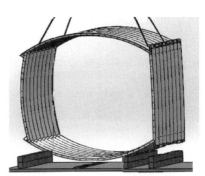

（a）底板与侧板拼装、搭设刚性支撑　　　　　　（b）顶板拼装到位

图 4-42　基坑外装配式钢制管廊标准节拼装

（3）基坑开挖到底，施工管廊垫层，装配式钢制管廊安装之前，在混凝土垫层上抄平放线，严格控制基础部位与支撑面的纵横轴线和标高，并进行验收。

（4）在基坑内进行装配式钢制管廊拼装，管廊标准节中线位置放置木板，两侧等距放置管枕垫平，整舱吊装放置于管枕上，通过管枕调整整舱底板的水平与标高。基坑内装配式钢制管廊拼装如图 4-43 所示。

装配式钢制管廊拼装调节到位之后，焊接管廊底部抗浮拉筋，多舱结构的舱间采用锁紧板进行连接，如图 4-44 所示。

管廊标准节之间铺设环向密封垫，用扎带固定，环向密封垫铺设形成密闭整环，拼接缝处用密封胶密封。每组装完成 2 个标准节，应按设计图纸进行自检，校核并调整中心轴线及标高。

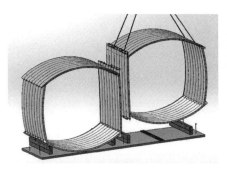

图 4-43　基坑内装配式钢制管廊拼装

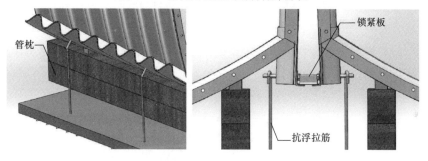

图 4-44　抗浮拉筋与舱间锁紧板施工示意图

（5）装配式钢制管廊安装到位后，进行底板外侧、舱间及舱内混凝土浇筑。最后对管廊侧墙及顶板进行回填，回填采用原状土，两侧回填应同时对称进行，两侧回填高差不应大于 30cm，回填要求和压实度等应满足相关设计和规范要求。装配式钢制管廊浇筑混凝土及回填如图 4-45 所示。

图 4-45　装配式钢制管廊浇筑混凝土及回填

4.5 竹缠绕管廊施工技术

4.5.1 技术概述

竹缠绕复合材料是以竹子为基础，以树脂为胶粘剂，采用缠绕工艺加工成型的新型生物基材料。竹缠绕复合材料充分发挥了竹材轴向拉伸强度高的特性，通过缠绕工艺制成，突破了竹材传统平面层积热压技术及其应用领域。竹缠绕复合材料由内衬层、增强层、外防护层组成，如图 4-46 所示。其中，内衬层由防腐性能优异、符合食品安全的树脂与竹纤维无纺布组成，增强层由竹篾与水性树脂组成，外防护层则为防水、防腐及抗老化性能好的树脂。

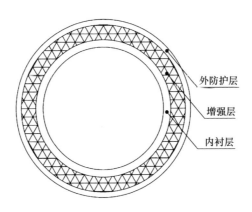

图 4-46　竹缠绕复合材料的组成结构

竹缠绕管廊廊体采用竹缠绕复合材料制成。竹缠绕管廊廊体、管线以及管线支撑构件、密封圈、止水钢套管等配件共同组成了竹缠绕管廊，如图 4-47 所示。竹缠绕管廊的技术指标见表 4-1。

图 4-47　竹缠绕管廊

竹缠绕管廊的技术指标　　　　　　　　　　　　　表 4-1

主要技术指标	指标值
密度（g/cm³）	0.9~1.0
环刚度（kN/m²）	可达 30
抗压强度（MPa）	≥10
冲击强度（kJ/m²）	≥35
轴向拉伸强度（MPa）	≥10
挠曲性（%，10kN/m²，B水平）	≥15
耐火极限（min）	180
吸水率（%）	≤3.0
轴向线膨胀系数（1/℃）	≤2×10⁻⁵

4.5.2　适用范围

　　竹缠绕管廊适用于内径为 2000~8000mm、环刚度为 7500~30000N/m²、应用环境温度为－40~80℃的管廊工程。竹缠绕管廊适用于明挖法施工的装配式管廊。

4.5.3 技术特点

竹缠绕管廊具有资源可再生、质量轻、节能低碳、性能优异、稳定性高、施工安装方便、综合成本低等特性。与传统管廊相比，在管线敷设相同的情况下，竹缠绕管廊可使得材料成本降低 10%～30%，安装施工效率提高 10%～80%。竹缠绕管廊质量轻、单根管体长，质量仅是传统混凝土管廊的十分之一，极大地降低了安装难度。

4.5.4 施工工艺

1. 工艺流程

竹缠绕管廊施工工艺流程为：竹缠绕管廊工厂加工→廊体运输、装卸及存放→廊槽开挖及基础处理→廊体安装→防水处理→廊槽回填→附属工程及管线安装。

2. 操作要点

（1）竹缠绕管廊工厂加工

竹缠绕管廊需要在专门的工厂进行生产，加工长度一般为 12m 以内，其主要生产工艺包括竹篾加工、防水层制作、结构层缠绕、加热固化、外防护层制作等流程，如图 4-48 所示。

图 4-48　竹缠绕管廊工厂内加工

（2）廊体运输、装卸及存放

生产出来的竹缠绕管廊节段通过平板拖车运输至施工现场，运输车辆应符合运输长度要求，廊体悬空一端长度应小于2m，如图4-49所示。廊体的装车、卸车、现场倒运以及入槽安装，可采用2台起重机配合完成，吊装时，采用柔性索带，起吊廊体应在距离廊体两端各1/4长处设置吊点，吊装移动时应使廊体两端离地，不得单点起吊，如图4-50所示。

图 4-49　竹缠绕管廊运输

图 4-50　竹缠绕管廊吊装

（3）廊槽开挖及基础处理

廊槽两侧的稳定土层宽度应大于或等于管廊内径的 2.5 倍，不足部分应采取加固措施。完成廊槽开挖、回填压实等相关作业后，需立即开展砂垫层铺设工作，首先将砂子运到指定位置，然后借助挖机置于槽底，最后通过人工方式摊铺至预设标高，一般情况下，砂垫层厚度不小于 200mm。竹缠绕管廊运至施工现场后，由起重机将其吊装放入廊槽内，进行下一步安装施工，如图 4-51 所示。

图 4-51　竹缠绕管廊吊放至廊槽

（4）廊体安装及防水处理

管廊吊放至预定位置人工轻微晃动管廊，管廊依靠惯性力将插口与前一根承口对接。廊体管节之间可采用承插连接与束节连接，在竹缠绕管廊安装过程中，当安装长度不足整根管廊长度时，可按所需长度进行整体廊体切割，采用束节连接。竹缠绕管廊连接处采用密封圈进行密封，遇到地下水丰富的地层，可使用遇水膨胀止水胶填充连接处的缝隙。廊体管节的连接形式如图 4-52 和图 4-53 所示。为保证连接节点的防水性，还可以采用具有防水功能的材料将连接节点裹覆。竹缠绕管廊管节连接处防水处理如图 4-54 所示。

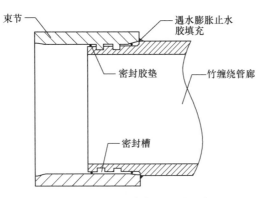

图 4-52　竹缠绕管廊束节连接示意图

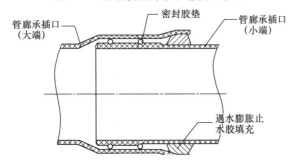

图 4-53　竹缠绕管廊承插连接示意图

图 4-54　竹缠绕管廊管节连接处防水处理

（5）廊槽回填

管廊接口防水处理完成后，竹缠绕管廊可立即进行回填。在开展回填作业时，一定要遵循对称、分层、均匀的原则，确保铺设厚度达到预期要求。在实施压实作业时，同样也要遵循相应规则，即先轻后重、先慢后快，管廊两侧腋角采用中粗砂回填，人工配合压实，双舱或相邻两舱中间区域采用砂砾土填充，浇水密实，并配合人工夯实，特殊工况如达不到要求，腋角及中间区域回填可采用混凝土浇筑回填，管廊顶板上部 1m 范围内采用小型机具夯实。竹缠绕管廊回填施工如图 4-55 所示。

图 4-55　竹缠绕管廊回填施工

（6）附属工程及管线安装

管廊主体结构施工完毕之后，进行附属工程及管线的安装。管廊断面为圆形，其内部支撑单元由钢环、支架、防转结构以及走道组装而成。竹缠绕管廊附属工程安装如图 4-56 所示。

图 4-56　竹缠绕管廊附属工程安装

4.6　喷涂速凝橡胶沥青防水涂料施工技术

4.6.1　技术概述

喷涂速凝橡胶沥青防水涂料施工技术是明挖现浇管廊外防水施工方法的一种。喷涂速凝橡胶沥青防水涂料是采用特殊工艺将超细、悬浮、微乳型阴离子改性乳化沥青和合成高分子橡胶聚合物（A组分）及特种固化剂（B组分）混合后生成的一种高弹性防水、防腐涂料，经现场专用设备喷涂，在管廊外墙表面瞬间形成致密、连续、完整并具有极高伸长率、超强弹性、优异耐久性的防水涂膜。

喷涂速凝橡胶沥青防水涂料具有固含量高、水性环保、附着力强、超高弹性、可以双组分常温喷涂、瞬时成型、施工机械化、应用广泛等特点。喷涂3～5s后基本成型，胶膜可以和基层完美粘结，形成整体完美包裹，尤其对于不规则结构及边角缝，可以一次性喷涂成型，整体无连接缝，取代传统材料的喷灯加热或明火作业，并且无任何废料污染和有害气体散发。作为一种弹性胶状材料其柔韧性、高延伸率、自愈修复能力非常突出，能更好地解决因裂缝、穿刺或者接口等造成渗漏或者窜水等问题。

4.6.2 适用范围

喷涂速凝橡胶沥青防水涂料施工技术适用于明挖现浇管廊外防水施工，也适用于装配式管廊连接缝处的外部防水施工。

4.6.3 技术特点

喷涂速凝橡胶沥青防水涂料施工技术指标主要由涂料的基层适应性、不透水性、延展性、耐腐蚀性和粘结性组成。

（1）涂料的基层适应性：喷涂速凝橡胶沥青防水涂料因其本身的特点，对基层适应能力很强，可用于钢筋混凝土、压型钢板、塑料以及各种砌体材料等基层材料上，甚至可以在潮湿、无明水的基层施工。这使得它能适应地下结构施工复杂的状况，能起到节约成本、加快进度、提高施工稳定性的作用。

（2）涂层的不透水性：由于喷涂速凝橡胶沥青防水涂料不透水性优异，能做到在静水压 0.3MPa 下 120min 不渗水。而且涂料在喷涂后 3～5s 即可成型，这使得防水层成为一个致密的整体，避免了传统卷材拼接带来的透水隐患。

（3）涂层的延展性：喷涂速凝橡胶沥青防水涂料由于成分中含有橡胶，喷涂成型后的涂层具有很好的弹性和抗穿刺性。防水涂料的弹性涂膜伸长率超过 1000％、恢复率达到 90％以上，能够有效解决各种构筑物因应力变形、膨胀开裂、穿刺或连接不牢等造成的渗漏、锈蚀等问题。另外，强抗穿刺性使得涂层具有耐穿刺、耐撕裂的能力。

（4）涂层的耐腐蚀性：喷涂速凝橡胶沥青防水涂料具有优异的耐酸、碱和盐性能，在酸、碱和盐环境下放置 168h，拉伸强度保持率达到 95％以上，断裂伸长率高于 800％，有助于在复杂的环境中延长地下工程使用寿命和降低工程成本。

（5）涂层的粘结性：喷涂速凝橡胶沥青防水涂料在喷涂时能渗入混凝土基

层表面的微隙中，能与基层紧密粘结在一起，成型后能做到涂层与基层间不留间隙，完美包裹，从而达到卷材难以实现的不窜水、不剥离特性。对于异形结构或形状复杂的基层施工更加简便可靠。

此外，喷涂速凝橡胶沥青防水涂料施工速度快、耐温性好、无接缝、节点无需特殊处理。喷涂后瞬间成型，一次速凝成膜，厚度可达 4mm 以上。采用专业喷涂设备施工，大大节约施工成本和劳动力，大幅度缩短施工工期。每台喷涂设备可连接 2 个喷枪，日施工能力超过 1000m²。喷涂速凝橡胶沥青防水涂料可满足不同气候区的低温柔度和耐热性的要求，低温柔度可达到 −40℃，适用于高寒地区的防水工程，耐高温可达到 160℃，适用于管廊的防水工程。

4.6.4　施工工艺

1. 工艺流程

喷涂速凝橡胶沥青防水涂料施工工艺流程为：清理基面→基层验收→节点施工→大面积喷涂→检修补喷→成品验收。

2. 操作要点

（1）基层处理

处理基层，使基层无尖锐棱角或凹槽，对明显凹凸处或不规则的凸出表面进行剔除、打磨，基面如破损、疏松或凹陷，可用 1∶2.5 普通水泥砂浆抹平，基层强度应大于 5MPa。清扫或冲洗基层，使基层无浮尘或杂物，基层可潮湿但不能有明水，基层清理如图 4-57 所示。

防水施工时应提前确定各种管线预留预埋位置，并组织一次防水基层检查，严禁事后剔凿。

（2）阴角、阳角及管根部施工

阴角、阳角、管根部及施工缝等节点部位均应设置防水加强层，防水加强层的做法为：用手刷料加无纺布对节点进行加强处理，首先在混凝土表面涂刷一层手刷料，宽度为防水加强层设计宽度，之后粘贴无纺布，要求无纺布粘贴顺直，不得褶皱、起鼓、翘边。粘贴无纺布后，再次涂刷手刷料，要求第二遍

图 4-57　基层清理

手刷料完全浸没无纺布，防水加强层的厚度不宜小于 1.2mm。

　　阴角细部采用 1：2.5 细水泥砂浆做成 50mm×50mm 的倒角，阳角做成 R
≥30mm 的圆角。阴角细部防水做法见图 4-58，阳角细部防水做法见图 4-59。

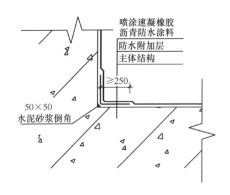

图 4-58　阴角细部防水做法示意图

　　预留管道或排水口安装完毕后进行防水层施工，管根部位先用密封胶填
缝，然后做成 50mm×50mm 的倒角。管根部位防水做法见图 4-60。

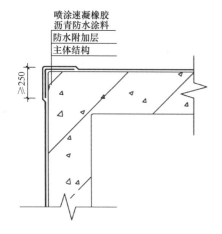

图 4-59　阳角细部防水做法示意图

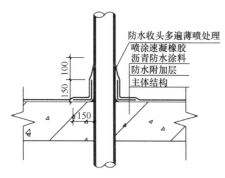

图 4-60　管根部位防水做法示意图

（3）施工缝防水施工

底板、顶板混凝土采用补偿收缩混凝土，可以取消后浇带，在施工缝处设置一道止水钢板，顶板与底板、侧墙阳角处均按照设计要求施作防水附加层，为保护顶板防水涂层不被破坏，在防水涂层之上增铺一层高分子聚乙烯片材。如为种植顶板，则可另增铺纸胎油毡等防水层。顶板、底板及施工缝处防水做法见图 4-61。

（4）大面积喷涂施工

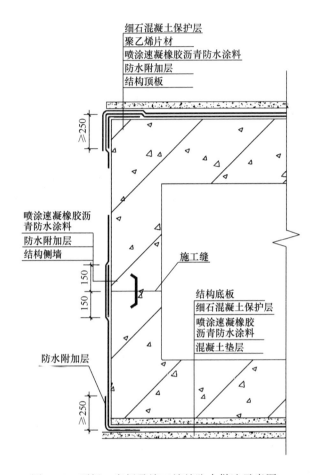

图 4-61 顶板、底板及施工缝处防水做法示意图

喷涂速凝橡胶沥青防水涂料 1.5mm 厚时用量为 2.7kg/m²；2.0mm 厚时用量为 3.6kg/m²。喷涂速凝橡胶沥青防水涂料为双组分涂料，主剂 A 组分为棕褐色黏稠状液体，固化剂 B 组分为无色透明液体，采用专用双管高压喷涂设备喷涂，两组分在空中交汇、混合并落地析水成膜，成为完整的橡胶质防水层。喷涂作业前应缓慢、充分搅拌 A 料，严禁现场向 A 料和 B 料中添加任何其他物质，严禁混淆 A 料和 B 料的进料系统。

喷涂速凝橡胶沥青防水涂料应喷涂均匀，厚薄一致。遵循"先细部、后大面，由远及近、由低到高"的原则。一般需连续喷涂 4～6 遍达到设计厚度，上下两遍涂膜需相互垂直，厚薄一致。喷涂速凝橡胶沥青防水涂料大面积喷涂施工如图 4-62 所示。

图 4-62　底板、顶板喷涂速凝橡胶沥青防水涂料大面积喷涂施工现场

在遇到风道、风井等预留出入口接头铺设时，要翻出边墙，按标准留足搭接长度并做好保护。两次喷涂搭接长度不应少于 300mm，对预留部分边缘部位进行有效的保护。与上一流水段预留搭接长度不得小于 1.5m。

（5）涂层检修、补喷

喷涂后 24h 内，由专职人员检查防水层厚度、孔洞、翘边、缝隙、人为踩踏、机械划伤等，若防水层厚度不足，须补喷至该部位指定厚度；如防水层有破损，须修补合格。修补方法：针对涂膜层破损，使用涂刷料，用力画圆圈动作涂刷，以确保达到最好的粘结性，并多次涂刷至该部位防水层设计厚度。

4.7　火灾自动报警系统安装技术

4.7.1　技术概述

（1）火灾自动报警系统

在综合管廊含电力电缆的舱室设置火灾自动报警系统，火灾自动报警系统采用集中报警系统，信号引入综合管廊监控中心中控室的消防控制室。相邻防火区段之间采用常闭防火门进行防火分隔。火灾自动报警系统主要包括常规火灾监控与报警系统、防火门监控系统、电气火灾监控系统、消防设备电源监控系统等。

综合管廊内部火灾监控与报警系统主要包括火灾探测器、区域火灾报警控制器、火灾警报器、手动火灾警报按钮以及消防专用电话等。消防控制室内火灾监控与报警系统主要包括火灾报警控制器、消防联动控制器、消防应急广播设备、应急照明控制设备以及图形显示设备等，如图4-63所示。

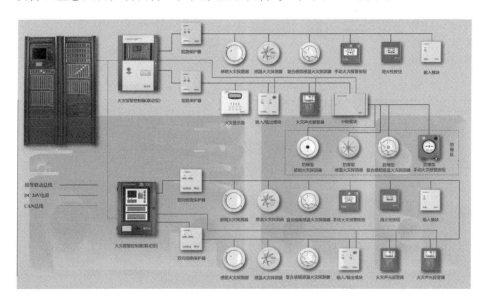

图 4-63　综合管廊火灾自动报警系统

综合管廊内部防火门监控系统主要包括常开/闭防火门监控模块、监控分机、门磁开关以及电动闭门器等。在消防控制室内设置防火门监控器。

综合管廊内部电气火灾监控系统主要包括剩余电流式电气火灾监控探测器、测温式电气火灾监控探测器、前端探测部分等。在消防控制室内设置电气火灾监控设备。

综合管廊内部消防设备电源监控系统主要包括前端监控模块、监控分机等。在消防控制室内设置消防设备电源状态监控器。

（2）火灾报警通信环网

消防控制室火灾报警联动主机与各报警区域内的火灾报警控制器通过单模光纤组成主干火灾报警通信环网。各报警区域内的火灾报警控制器与区间内所有防火分区的消防控制柜采用总线报警、总线控制以及环形连接方式，完成所管辖区域内的火灾监视、报警、火灾联动，并且将所有信号通过网络上传至控制中心，再通过上位机与综合管廊监控系统进行通信。

4.7.2　适用范围

火灾自动报警系统适用于含电力电缆舱室的干线、支线综合管廊。

4.7.3　技术特点

（1）火灾监控与报警系统

根据管廊特点，合理布置各类现场部件。舱室顶部设置感烟火灾探测器，在与自动灭火系统联动触发启动的舱室顶部设置感温火灾探测器，优先选择线型光纤式感温火灾探测器，由相应的火灾探测信号处理器将火灾信号传达给区域火灾报警控制器。在各个出入口和逃生口以及防火门处，设置火灾警报器和手动火灾报警按钮，且各分区均至少设置2套，其中，火灾警报器在出入口处设置，手动火灾报警按钮的覆盖半径在30m内即可。

综合管廊火灾自动报警系统的消防通信总线分别设置联动总线和报警总线。总线优选环形布设形式，环形总线需配套采用适用的隔离器、火灾报警控制器以及消防联动控制器等设备。

（2）联动控制

当设置自动灭火系统时，如果是干线综合管廊，应确保在其含电力电缆的舱室及电力电缆接头处均设置有该系统；如果是支线综合管廊，则应确保在不少于6根电力电缆的舱室及电力电缆接头处均设置有该系统；另外，在其他含电力电缆的舱室内也应设置有该系统。自动灭火系统的触发信号形式有两种：一种是同分区内的 1 感烟火灾探测器＋1 感温火灾探测器的报警信号组合；另一种是 1 感温火灾探测器＋1 手动火灾报警按钮的报警信号组合，如图 4-64 所示。系统控制要求：对于超细干粉自动灭火系统，应符合联动/手动控制的相关标准；而对于高压细水雾灭火系统，除联动/手动控制外，消防泵、分区控制阀还应当在防护区入口处和消防控制室内设置手动控制线路。

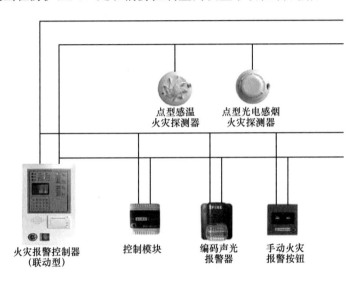

点型感温
火灾探测器　　　点型光电感烟
火灾探测器

火灾报警控制器　　控制模块　　编码声光　　手动火灾
（联动型）　　　　　　　　报警器　　报警按钮

图 4-64　火灾探测器报警系统

视频安防监控系统的触发信号形式：分区内任意 1 手动火灾报警按钮或 1 火灾探测器的报警信号。系统控制要求：对视频安防监视系统进行控制，使显示内容为火灾报警区域的监视画面。

其他系统的触发信号形式有两种：一种是同报警区域内任意 2 火灾探测器的报警信号组合；另一种是 1 手动火灾报警按钮＋1 火灾探测器的报警信号组合。系统控制要求：对发生火灾的分区及相邻分区内的通风设备自动控制关闭；启动所有火灾警报器；解除对发生火灾的分区及相邻分区的出入口处控制设备的锁定；控制应急照明控制设备进行疏散方向规划确定；控制防火门监控器对发生火灾的分区内的常开防火门进行关闭。

（3）防火门监控系统

防火门监控系统的主要作用是控制常闭防火门和常开防火门。对于常闭防火门，使其在发生火灾时无需联动，而只上传开闭及故障状态即可；对于常开防火门，则使其在发生火灾时上传开闭及故障状态，并联动关闭。

（4）电气火灾监控系统

电气火灾监控系统主要采用两种电气火灾监控探测器，一种是剩余电流式，一种是测温式。其中，剩余电流式电气火灾监控探测器应用在变电站和配电单元监控中，通过监视配电线路的剩余电流值探测线路中的火灾隐患和故障，确认线路是否处于正常运行状态；测温式电气火灾监控探测器应用在入廊电力电缆管线监控中，通过监视电力电缆是否有温升超限现象来探测火灾隐患。测温式电气火灾监控探测器优选线型光纤式，1 根光缆负责监视和保护 1 根电力电缆，且探测单元的最大长度不超过 3m。

4.7.4 施工工艺

1. 工艺流程

综合管廊火灾自动报警系统安装施工工艺流程为：施工准备→消防管布设→消防线缆布设→消防设施设备安装。

2. 操作要点

（1）施工准备

施工前认真翻阅图纸，统计施工所需材料，进行采购，控制进场材料质量，准备施工所需工器具，对施工工人进行详细交底，明确设施设备安装布设位置及线路走向。

（2）消防管布设

管弯头采用弯管机制成，弯曲半径不小于管径的 10 倍，保证内部圆滑。

（3）消防线缆布设

消防线缆按照设计图纸布设。电缆采用明敷时，应采用金属套管敷设，并在金属套管上涂防火涂料保护；不同系统、不同电压、不同电流类的线路，不应穿同一套管内或同一线槽孔内；从接线盒、线槽等处引至探测器底座盒、探测器设备盒的线路应加金属软管保护。

（4）消防设施设备安装

消防设施设备包含消防主机、手动火灾报警按钮、火灾声光报警器、点型感温火灾探测器、点型光电感烟火灾探测器等。要求消防设施设备安装位置符合设计图纸要求，安装牢固，接线紧密。

一个报警区域设置一台区域火灾报警控制器或一台火灾报警控制器，系统中区域火灾报警控制器或火灾报警控制器不应超过 2 台。区域火灾报警控制器或火灾报警控制器安装在墙上时，其底边距地面高度宜为 1.3～1.5m，其靠近门轴的侧面距墙不应小于 0.5m，正面操作距离不应小于 1.2m。

综合管廊内每个扬声器的额定功率不应小于 3W，其数量应能保证从一个防火分区的任何部位到最近一个扬声器的距离不大于 25m。走道内最后一个扬声器至走道末端的距离不应大于 12.5m。

手动火灾报警按钮、消火栓按钮等处宜设置电话塞孔。电话塞孔安装在墙上时，其底边距地面高度宜为 1.3～1.5m。特级保护对象的各避难层应每隔 20m 安装一个消防专用电话分机或电话塞孔。

火灾自动报警系统接地装置的接地电阻值应符合下列要求：采用专用接地装置时，接地电阻值不应大于 4Ω；采用共用接地装置时，接地电阻值不应大于 1Ω。火灾自动报警系统应设专用接地干线，并应在消防控制室设置专用接地板。

由消防控制室接地板引至各消防电子设备的专用接地线应选用铜芯绝缘导线，其芯线截面面积不应小于 4mm^2。专用接地干线宜穿硬质塑料管埋设至接地体。

消防电子设备采用交流供电时，设备金属外壳和金属支架等应作保护接地，接地线应与电气保护接地干线（PE线）相连接。

综合管廊内监控与报警设备防护等级不宜低于 IP65。监控与报警系统的防雷、接地应符合现行国家标准《火灾自动报警系统设计规范》GB 50116、

《数据中心设计规范》GB 50174 和《建筑物电子信息系统防雷技术规范》GB 50343 的有关规定。

天然气管道舱内设置的监控与报警系统设备、安装与接线技术要求应符合现行国家标准《爆炸危险环境电力装置设计规范》GB 50058 的有关规定。

4.8　智慧线＋机器人自动巡检系统施工技术

4.8.1　技术概述

智慧线＋机器人自动巡检系统是在现行国家标准的框架下，推行集约、轻量化建设理念，以安全、高效、低成本为设计目标，提出的一种综合管廊智能运维系统建设方案，可解决综合管廊运维成本高的难题。

智慧线＋机器人自动巡检系统将"智慧线"和"机器人"两个子系统深度融合应用，为机器人在管廊内的规模化应用提供了可行路线，为管廊建设、运维贡献了一种全新、高效、安全、低成本的方案。系统以智慧线作为管廊内的"基础网络"，为管廊内的"人和设备"提供通信、定位基础服务；机器人则充分发挥其在"危险性、重复性、高精度性"作业环境下的工作优势，结合 AI 技术应用，对廊体裂纹、渗漏、地面积水、支架脱落、缆线脱架、廊内异物、设备状态、缆线温度等进行 24h 全方位实时监控，助力管廊实现"智能化、无人化、少人化"运维，进而提升作业质量精度，降低人员入廊作业频次，节约能源，提升安全，实现降本增效。综合管廊智慧线＋机器人自动巡检系统如图 4-65 所示。

智慧线是基于安全生产物联网与信息交互系统标准体系设计的新一代 TSM（隧道物联网通信系统）设备，其通过在通信电缆中密集植入微基站，实现将射频单元、基带处理单元、天馈系统以及传输线、电源线等汇集到一条线缆内，设备为线缆形态，完美契合狭窄封闭的管廊环境。智慧线具备通信、定位、入侵探测与跟踪三大核心功能。管廊内敷设智慧线如图 4-66 所示。

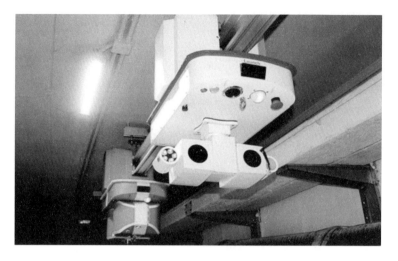

图 4-65　智慧线＋机器人自动巡检系统

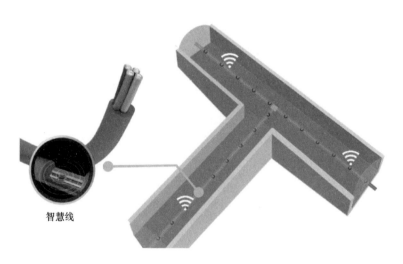

智慧线

图 4-66　管廊内敷设智慧线

机器人自动巡检系统的结构并不复杂，由机器人本体（包含轨道、搭载的传感器、充电装置、定位装置）、通信网络、管理服务器、系统客户端和服务器组成。机器人本体携带高清摄像头、红外热像仪、各类传感器，也可搭载消防/灭火机器人，实现智能机器人的数据采集、自主充电、自动穿越防火门、应急消防等功能。机器人自动巡检系统如图 4-67所示。

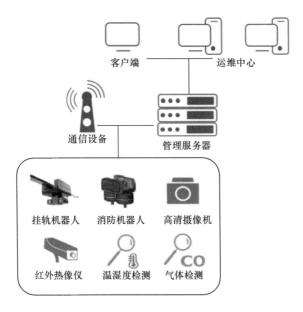

图 4-67 机器人自动巡检系统

4.8.2 适用范围

智慧线＋机器人自动巡检系统适用于人员不便巡检的管廊，并且适用于规模较大、运维期限较长的管廊运维。

4.8.3 技术特点

（1）智慧线＋机器人自动巡检系统具有维护简单、维护成本低、可靠性高、不占用管廊电缆位置资源的特点。

（2）智慧线＋机器人自动巡检系统具有功能多样、适应性强的特点。除具有门禁、井盖异动监测、环境温/湿度监测、气体含量监测、视频影像等常规功能外，针对管廊巡检的特殊功能要求，增加了管廊沉降测量、无死角全断面的温度测量、高压漏电探测等功能。

（3）智慧线＋机器人自动巡检系统采用全新的数据采集方式，装备新型传

147

感器，突破了传统监控系统数据类型不丰富、数据量小的固有缺点，并依托大量丰富的数据，建立综合数据分析软件，形成自身大数据处理系统，扩展系统应用的深度，达到与城市大数据系统的对接。

（4）智慧线＋机器人自动巡检系统能够基于其设计的机器人平台功能，只需对搭载于机器人上的传感器进行升级，便可实现全系统的更新换代，使全系统的软硬件全面提升、扩展功能。

4.8.4 施工工艺

1. 工艺流程

智慧线＋机器人自动巡检系统施工工艺流程为：施工准备→铝合金轨道构件制作与安装→机器人轨道支架制作与安装→专用防火门安装→充电装置安装→线缆、光缆敷设及电箱安装→智慧线数据链安装→综合控制器安装。

2. 操作要点

（1）铝合金轨道构件安装

机器人自动巡检系统需要借助安装在管廊顶板的铝合金轨道在管廊中行进，铝合金轨道安装流程如图 4-68 所示。

支吊架安装时，先检查混凝土板等结构上的预埋吊环或埋设的螺栓是否完好，再将预埋件上的污物清除干净，然后将组装好的吊架与预埋件连接好。调好松紧螺栓长度，使其符合管廊设计坡度为止。要求吊卡距离均匀，排列整齐，外观一致、美观。支吊架一般间距为 2m，弯轨处，在接缝两侧加设一套吊架。铝合金轨道支吊架安装如图 4-69 所示。

对于直轨道，可采用地样法进行组装，即按 1：1 的比例用激光放线仪在管廊地面上放出构件实样，然后根据零件在实样上的位置，分别组对，成为预拼装构件。对于横断面互为对称的轨道平弯结构，可采用仿形复制装配法进行组装，即先用地样法组装成单面（片）结构，然后点焊牢固，将其翻身，作为复制胎模，在其上面装配另一单面结构，往返两次组装。对于轨道立弯结构，可采用立装方式进行组装，即根据构件的特点和零件的稳定位置，选择自上而

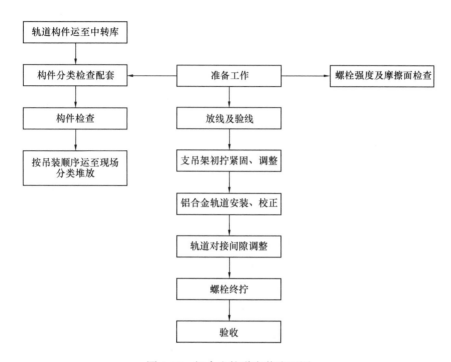

图 4-68 铝合金轨道安装流程图

图 4-69 铝合金轨道支吊架安装

下或自下而上的装配。对于批量大、精度高的轨道组合件，可采用胎模装配法进行组装，即将构件的零件用胎模定位在其装配位置上进行组装。铝合金轨道拼装完成之后，采用台架法进行吊装，初步安装之后，对铝合金轨道的标高、纵横轴线和垂直度进行校正。铝合金轨道安装如图 4-70 所示。

图 4-70　铝合金轨道安装

（2）专用防火门安装

综合管廊通过防火门分隔为多个独立的防火分区，机器人可安装在管廊顶部并通过安装在防火墙上部的机器人专用防火门穿越各个防火分区，如图 4-71所示。

（3）充电装置安装

铝合金轨道安装完毕之后，可以进行充电装置安装。首先进行充电导轨安装，根据铝合金轨道形状、断面、长度等具体情况，确定充电导轨的安装位置，保证充电导轨与铝合金轨道的间距，之后用螺栓紧固锁定。充电导轨安装如图 4-72 所示。

然后进行防爆充电笼安装（图 4-73），防爆充电笼采用六点正吊，吊耳设

图 4-71　机器人专用防火门安装

图 4-72　充电导轨安装

图 4-73　防爆充电笼

在笼顶，安装时须保证笼体垂直度与水平度，安装过程中对中校正；为防止笼体变形，可采用在适当位置加设吊挂点。最终调整防爆充电笼两端的防火门与轨道同轴、同高，转动自如。防爆充电笼安装时与铝合金轨道应同步校正，并进行初步固定，待全部安装完毕放置 7d 后，再次检查校正，调整对准后，进行永久固定。

最后进行电气连接。充电控制箱为不锈钢防水箱体，内部由电气控制元件及线路、光电转换器及线路、网络交换机、WiFi 单元、直流 36V 充电器组成，外部连接云台摄像机、限位开关、充电导轨；将充电控制箱安装就位后，即可与充电装置进行电气连接，在管廊内用 YJV-3×6 电缆就近接电，并保证接地牢固可靠。充电控制箱的云台摄像机及限位开关应安装于充电装置面向机器人前部的一侧，与主轨道的横向距离不小于 1000mm。光纤及网络信号就近与管廊环网节点相接。充电控制箱如图 4-74 所示。

（4）线缆、光缆敷设及电箱安装

线缆敷设应根据线缆盘上的数量统一考虑敷设布局，一般先敷设最长的线缆，尽量避免线缆中间接头的增加。布放光缆的牵引力应不超过光缆允许张力的 80%，瞬间最大牵引力不得超过光缆允许张力的 100%，主要牵引力应加在光缆加强件上。

图 4-74　充电控制箱

（5）智慧线数据链安装

管廊智慧线数据链基站系统由沿管廊布置的智慧线、光缆、电源电缆、电源模块、WiFi路由器、定向无线电收发设备、波导反射器、无线电杂波抑制设备等构成，如图4-75所示。

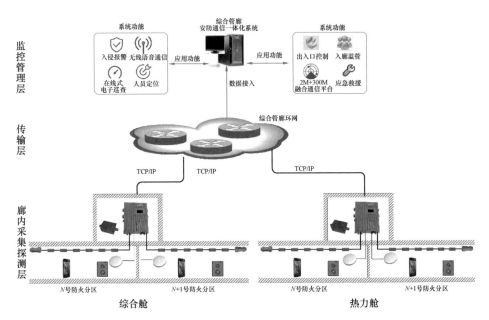

图 4-75　智慧线数据链基站系统整体架构示意图

智慧线要尽量安装在一条水平线上，若遇到吊装口、进风口、排风口或者灭火器等障碍物时，智慧线需要距其 20cm 以上。智慧线与智慧线之间通过航插头连接，智慧线末端要加装末端器。智慧线安装如图 4-76 所示。

（6）综合控制器安装

综合控制器要固定到合适的高度，建议距地 1.2m 高，且固定要牢固可靠。综合控制器的电源线和网线要做好套管防护工作，满足管廊的施工标准要求。原则上综合控制器要安装在设备隔间。若无设备隔间，须安装在开阔、易于安装且距离电源网络设备柜较近的位置。综合控制器安装如图 4-77 所示。

图 4-76　智慧线安装

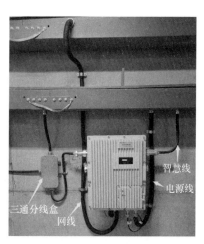

图 4-77　综合控制器安装

4.9　半预制装配技术

4.9.1　技术概述

半预制装配技术是综合管廊主体结构底板及侧墙采用现浇混凝土施工、顶板采用预制构件安装成型的一种混凝土管廊主体施工新工艺，如图 4-78 所示。

图 4-78 半预制装配技术工艺原理

4.9.2 适用范围

半预制装配技术适合管廊明挖法施工，适合单舱、双舱、多舱混凝土结构的标准断面及投料口、通风口、倒虹段等处的非标准断面。

4.9.3 技术特点

综合管廊半预制装配技术，底板及侧墙采用现浇混凝土施工，融合了现浇施工的整体性优势，顶板采用预制构件安装，融合了装配式技术的标准化优势，又较整体预制技术具有便捷化施工优势。

半预制装配管廊顶板构件接缝采用企口接缝设计，顶板构件端部与侧墙结合处预留安装钢边止水带的湿接缝，管廊整体结构采用外防水构造。

4.9.4 施工工艺

1. 工艺流程

综合管廊的顶板可以在工厂或者施工现场进行预制备用，管廊采用明挖法施工，基坑开挖见底之后，开始半预制装配管廊施工。半预制装配技术施工工艺流程为：基坑开挖→垫层施工→现浇底板与导墙→现浇侧墙与中隔墙→顶板安装→湿接缝浇筑→防水处理→管廊验收。

2. 操作要点

（1）顶板预制

顶板根据需求可在工厂预制生产，也可在施工现场进行预制，顶板预制流程如图 4-79 所示。

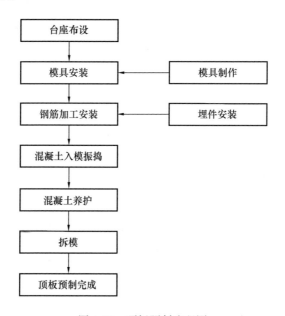

图 4-79 顶板预制流程图

台座应根据预制顶板数量、工期及生产效率等因素综合确定布设数量。预制顶板的模具主要包括侧板、端板、凸榫凹槽等。对于周转次数较少的模具，可采用木模体系，在木模体系的模具施工中，木模板采用方木横肋，竖设直楞，在直楞位置设上下 2 道对拉螺栓，模板拼接时，木模板后方木横肋对拼接处进行加固。对于周转次数较多的模具，可采用钢模体系，钢模设有横肋和直楞，横肋和直楞安装采用连接构件固定，保证模板整体性。当模具采用铝模体系时，可依靠销钉连接来维持预制顶板整体性，铝模安装时销钉连接必须紧密，并检查连接牢固程度，保证顶板模板质量。

预制顶板的两端应设置吊点，每端设置 2 个吊点。吊点可采用一级钢筋制

作而成。吊点应经过计算确定，首次吊装前应进行试吊。预制顶板吊点如图
4-80 所示。

图 4-80 预制顶板吊点

（2）基坑开挖及垫层施工

土方开挖采用挖掘机分层开挖，配备运土自卸汽车对土方进行清运，当机
械开挖至槽底标高以上 20cm 时停止机械开挖，采用人工清槽方法进行槽底清
理，严禁出现超挖现象。垫层采用 10cm 厚强度为 C20 的混凝土，保证垫层施
工前基底压实度和平整度。混凝土垫层施工如图 4-81 所示。

图 4-81 混凝土垫层施工

（3）底板及侧墙施工

底板及侧墙施工分两步进行。第一步施工底板及导墙，导墙高度一般为30cm。导墙下八字模板宜采用钢角模，并加强此处振捣。导墙钢角模安装如图4-82所示。第二步施工侧墙，侧墙的钢筋安装施工中应设置横向稳定性支撑，侧墙穿墙螺栓应采用止水螺栓，模板支撑应设置横向稳定性斜向支撑。侧墙模板施工如图4-83所示。底板与侧墙浇筑完成效果如图4-84所示。

图 4-82　导墙钢角模安装

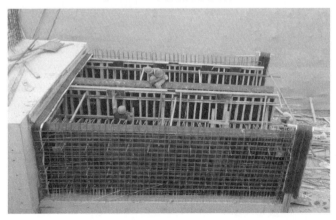

图 4-83　侧墙模板施工

158

图 4-84　底板与侧墙浇筑完成效果图

（4）顶板安装

顶板采用企口缝设计，顶板安装前要在企口处预先压入橡胶密封条，进行一次防水密封措施补充，如图 4-85 所示。安装过程中，通过顶板的自重，将

图 4-85　顶板企口处压入橡胶密封条

159

防水密封条压紧，达到防水的效果。安装完成后，将安装缝使用止水橡胶膏填塞，通过两层防水措施保证两块预制板处的防水效果。

中隔墙施工结构采用凸榫结构，安装前需要在中隔墙处进行预留砂浆层处理。顶板安装完成后，利用自身重量挤压砂浆层，保证中隔墙处的连接紧密和封闭性，如图 4-86 所示。

图 4-86 中隔墙防水节点结构示意图

顶板安装采用汽车起重机进行吊装，通过吊点进行吊装，信号工进行指挥，能保证预制顶板与侧墙和中隔墙完全安装到位。顶板吊装安装如图 4-87 所示。

图 4-87 顶板吊装安装

（5）湿接缝浇筑

顶板与侧墙采用湿接缝连接。将要浇筑混凝土的侧墙顶面混凝土凿毛，以露出石子为准，浇筑混凝土前湿润混凝土表面，以保证新老混凝土的良好结合。湿接缝浇筑前，在外墙顶部安装两条遇水膨胀止水条，达到止水效果。湿接缝浇筑完成后效果如图 4-88 所示。

图 4-88　湿接缝浇筑完成后效果图

4.10　内部分舱结构施工技术

4.10.1　技术概述

盾构法作为一种较成熟的暗挖工艺，其能避免开挖，不影响道路交通，且对城市既有建（构）筑物及地下管线的影响较小，但是很少被应用于城市地下综合管廊的建设。一方面，管廊作为各类管线的集成容纳通道，往往需要在单条盾构隧道管廊内部进行分舱设计；另一方面，盾构隧道管廊内混凝土运输难度大，浇筑施工困难。针对以上难点，对盾构隧道管廊内部分舱结构进行优化设计，并形成完整的内部分舱结构施工技术。

（1）盾构隧道管廊内部分舱设计优化

对盾构隧道管廊内部进行分舱设计优化，将整个隧道空间分隔为 2 个舱室，将钢筋混凝土中隔墙结构优化为框架结构，极大地减少混凝土二次浇筑量。具体结构形式为：

在既有盾构隧道管廊内部设置左右 2 座地台及竖向内隔墙。竖向内隔墙将隧道空间分隔为 2 个独立的舱室，实现管廊结构的竖向分舱。2 座地台分别作为 2 个独立舱室的检修通道，地台之间预留管道架设空间，上覆盖板，最大限度提高既有断面的空间利用率，满足管廊功能要求。

右侧地台与内隔墙连接处设置导墙。内隔墙为框架结构，即钢筋混凝土梁柱结构＋立柱与圈梁上部砌筑砖墙。钢筋混凝土立柱截面尺寸为 250mm×600mm，纵向中心间距 1.6m；顶圈梁为钢筋混凝土结构，沿盾构隧道纵向通长布置；立柱及顶圈梁形成钢筋混凝土框架结构，立柱与顶圈梁之间采用MU20 混凝土实心砖砌筑，圈梁上部与盾构管片之间采用 MU20 混凝土实心砖斜砌。

总体来讲，盾构隧道管廊内部分舱结构形式为：钢筋混凝土地台及导墙＋钢筋混凝土立柱及顶圈梁＋梁柱之间砌筑砖墙＋圈梁上部斜砌砖墙。结构如图 4-89 所示。

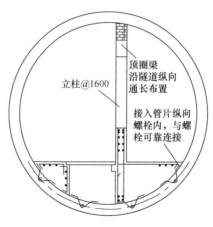

图 4-89　盾构隧道管廊内部竖向分舱结构

（2）盾构隧道管廊分舱结构与盾构管片连接节点设计优化

现浇地台与预制盾构管片之间应形成有效可靠的连接。采用一种用于盾构隧道内现浇地台与预制管片连接的钢弧板，可将盾构隧道内现浇地台与预制管片可靠连接。钢弧板主要包括弧形钢板、连接钢筋与钢耳板。其中：弧形钢板的弧度与预制盾构管片设计弧度相契合；钢耳板焊接于弧形钢板边缘，钢耳板预留孔洞，孔洞位置与盾构管片的纵向弯螺栓位置一一对应；连接钢筋与弧形钢板垂直焊接。弧形钢板、连接钢筋及钢耳板之间均为满焊连接。钢耳板孔洞穿过相邻盾构管片之间的纵向弯螺栓，并用螺母紧固。钢弧板结构如图 4-90 所示。

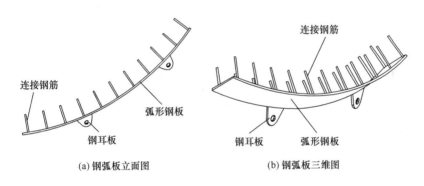

(a) 钢弧板立面图　　　　　　(b) 钢弧板三维图

图 4-90　钢弧板结构示意图

4.10.2　适用范围

内部分舱结构施工技术适用于采用盾构法施工的综合管廊。

4.10.3　技术特点

内部分舱结构施工技术采用"钢筋混凝土地台及导墙＋钢筋混凝土立柱及顶圈梁＋梁柱之间砌筑砖墙＋圈梁上部斜砌砖墙"的框架结构形式，在实现盾构隧道管廊竖向分舱的同时，极大地降低了现场的施工难度。

内部分舱结构施工技术采用带有钢耳板以及连接钢筋的钢弧板，能够确保盾构隧道管廊内部后浇分舱结构与预制盾构管片的有效连接。

内部分舱结构施工技术采用"天泵＋地泵接力"的混凝土浇筑方式，有效解决了盾构隧道管廊内部混凝土浇筑困难的问题。

4.10.4 施工工艺

1. 工艺流程

盾构隧道管廊内部空间狭小，混凝土浇筑难度大。因此采用"天泵＋地泵接力"的混凝土浇筑方式，解决浇筑难题。内部分舱结构施工工艺流程为：施工准备→钢弧板安装→地台及导墙施工→圈梁下部砌体墙施工→立柱及顶圈梁施工→圈梁上部斜砌砖墙施工。

2. 操作要点

（1）施工准备

进行分舱结构施工之前，应做好盾构隧道管廊内钢轨等材料的清理工作，保证分舱结构施工作业面；同时对隧道内进行清理，确保基面的清洁。盾构隧道管廊分舱结构施工之前应完成盾构隧道管片壁后注浆工作。

（2）钢弧板安装

钢弧板作为后浇分舱结构与预制盾构管片的连接件，在地台及导墙施工前需提前制作。安装钢弧板时，首先拧开地台施工范围内用于连接相邻盾构管片的纵向弯螺栓的螺母，将钢弧板紧密贴合于盾构管片之上，纵向弯螺栓穿入钢耳板预留孔洞内，并重新拧紧螺母，完成钢弧板的安装。之后绑扎地台钢筋，地台钢筋与钢弧板上的连接钢筋可靠连接。最后进行地台模板支设和混凝土浇筑。钢弧板安装完成后如图4-91所示。

（3）地台及导墙施工

钢弧板安装完成后，在进行地台钢筋绑扎时，要确保地台钢筋与钢弧板上的连接钢筋有效可靠连接。同时，绑扎右侧地台及导墙钢筋时，须将立柱位置竖向钢筋同步绑扎。

地台及导墙模板采用常规"木方＋钢管＋对拉螺杆加固"体系。需要注意

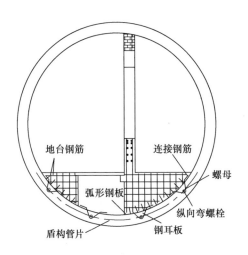

图 4-91 钢弧板安装完成示意图

的是，地台部分为单侧支模，在采用对拉螺杆加固过程中，螺杆一端应同地台内钢筋有效可靠连接。

为保证混凝土浇筑质量，同时方便现场施工、加快进度，针对盾构隧道管廊内地台、导墙、立柱等现浇钢筋混凝土结构，采用"天泵＋地泵接力"的方式进行混凝土浇筑。即在地面盾构工作井井口架设 1 台天泵，同时在工作井内部盾构隧道管廊口设置 1 台地泵。在浇筑地台混凝土过程中，利用天泵将混凝土送入盾构隧道管廊口的地泵内，经由地泵输送至盾构隧道管廊内待浇筑分舱结构处。地台结构共分 2 次浇筑。为架设地泵泵管，在盾构隧道管廊进口及地台施工范围内需搭设钢管架。在混凝土浇筑过程中，要根据地台结构浇筑进度及时对地泵泵管进行相应接长。混凝土浇筑方式如图 4-92 所示。

（4）圈梁下部砌体墙施工

地台及导墙施工完成后进行砌体墙施工。砌体墙墙体采用 MU20 混凝土实心砖砌筑，砂浆为 Mb10，厚度为 240mm，采用水泥砂浆抹砖砌面（厚度不小于 1cm，采用钢丝网砂浆面层加强，网孔边长 20mm）。仅砌体墙部分需要用水泥砂浆抹面；立柱结构面需一次成型，无需抹灰；砌体墙抹灰后完成面应与立柱结构外表面平齐、顺直。

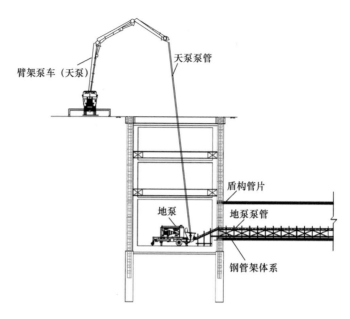

图 4-92　盾构隧道管廊内中隔墙地台混凝土浇筑示意图

需要注意的是，在墙体交接处需预留马牙槎，以保持砌体墙的整体性与稳定性。

（5）立柱及顶圈梁施工

立柱及顶圈梁模板采用"木方＋钢管＋对拉螺杆加固"体系。同时，为保证在混凝土浇筑过程中梁柱模板的稳定性，需设置稳固斜撑。

（6）圈梁上部斜砌砖墙施工

采用 MU20 混凝土实心砖砌筑，砂浆为 Mb10，采用水泥砂浆抹砖砌面（厚度不小于 1cm，采用钢丝网砂浆面层加强，网孔边长 20mm）。圈梁上部砌体结构采用斜砌，倾斜角度为 50°～60°，并挤紧，砂浆砌筑应饱满。砌体墙抹灰后完成面应与顶圈梁结构外表面平齐、顺直。

5 工 程 案 例

5.1 西安市地下综合管廊建设 PPP 项目Ⅰ标段

5.1.1 工程概况

西安市地下综合管廊建设 PPP 项目Ⅰ标段,合同额 92.2 亿元,为当时国内单笔投资额最大、总长度最长的城市综合管廊 PPP 项目。西安市地下综合管廊建设 PPP 项目Ⅰ标段工程由多条相对独立的各路段管廊组成,每条管廊就是一个单位工程,每个单位工程即每条管廊都设置有必要的管线进出口部、控制中心、阀门扩大室等特殊节点。工程建设范围内包含西安市中心城区以及蓝田、户县境范围管廊工程。主要包括西安市昆明路、云水二路、科技二路、科技六路等 30 条道路干、支线综合管廊,总长约 72.23km,以及缆线管廊 182.5km,同时配套综合管廊主控制中心和分控制中心。

本工程管廊纳入了电力、电信、给水、再生水、燃气、热力、污水、雨水、供冷九大类管线。管廊标准断面如图 5-1 所示。

5.1.2 工程重难点分析

本工程主要的重难点如下:

(1)管理与协调

管廊规模大,点多面广,多工种交叉作业多。管廊分布面广,各条管廊所在位置情况不一,施工环境、地下管线错综复杂,设计难度大。管廊为线性工程,迁改过程中遇到的管线种类繁杂,涉及的产权单位多,管线迁改难度大。

(2)穿越河道、铁路、地裂缝及与其他地下工程交叉施工

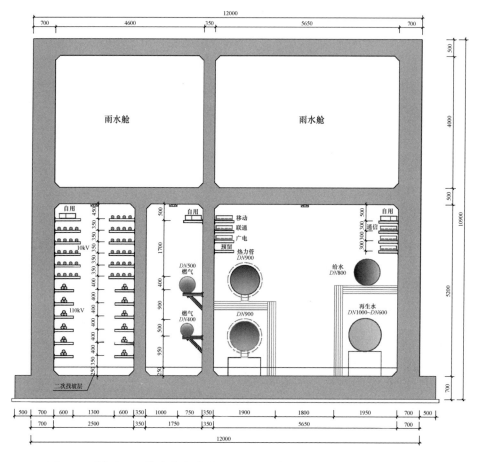

图 5-1　西安市地下综合管廊建设 PPP 项目 I 标段昆明路段管廊标准断面图

综合管廊穿越河道、铁路、地裂缝并与其他地下工程交叉施工，工法种类多，施工难度大。

（3）新技术应用

本工程综合管廊在人流密集、交通量大、不宜明挖或长期占道开挖的路段，采用了矩形盾构施工、矩形泥水平衡顶管施工、预制拼装施工等新技术，新技术可借鉴的经验较少。

5.1.3 技术应用清单

本工程积极推广应用新技术，新技术应用清单见表 5-1。这些技术在后面典型的管廊工程施工中均有不同的应用。

西安市地下综合管廊建设 PPP 项目 I 标段新技术应用清单　　　表 5-1

序号	新技术名称	子项名称	应用部位
1	地基基础和地下空间工程技术	工具式组合内支撑技术	支护桩
		复合土钉墙支护技术	管廊边坡支护
2	混凝土技术	高耐久性混凝土	管廊结构混凝土
		纤维混凝土	管廊结构混凝土
		细小裂缝自修复混凝土添加剂	结构混凝土
		混凝土裂缝控制技术	管廊结构混凝土
3	钢筋及预应力技术	钢筋焊接网应用技术	管廊钢筋
		预应力技术	锚索锚杆
		成型钢筋制品加工与配送	管廊钢筋
4	模板及脚手架技术	清水混凝土模板技术	管廊结构模板
		铝合金模板技术	管廊结构模板
		单侧支模技术	外墙结构
		早拆模板施工技术	管廊结构模板
5	机电安装工程技术	管道工厂化预制技术	管廊附属工程管道加工
		管线新型支吊架	支吊架
		预分支电缆施工技术	管廊电气电缆
6	绿色施工技术	基坑施工封闭降水技术	河道等软基区域管廊基坑
		工业废渣及空心砌块应用技术	管廊砌体工程
		预拌砂浆技术	管廊砌体工程
		管廊非大开挖施工技术	盾构、顶管、暗挖段
		预制管廊施工技术	预制管廊段
7	防水技术	遇水膨胀止水胶施工技术	管廊施工缝
		非固化防水涂料施工技术	昆明路管廊外防水
		结构自防水技术	结构混凝土
		喷涂速凝防水涂料	昆明路管廊雨水舱内防水

序号	新技术名称	子项名称	应用部位
8	抗震、加固与改造技术	深基坑施工监测技术	管廊深基坑边坡监测
9	信息化应用技术	虚拟仿真施工技术	管廊 BIM 技术
		高精度自动测量控制技术	施工测量
		工程量自动计算技术	工程量计算
		施工现场远程监控管理工程远程验收技术	施工管理
		建设项目资源计划管理技术	网络计划
		项目多方协同管理信息化技术	施工管理信息平台应用

本标段综合管廊主要施工方法见表5-2。

西安市地下综合管廊建设 PPP 项目Ⅰ标段主要施工方法一览表　表 5-2

序号	施工方法
1	明挖现浇法
2	矩形顶管法
3	节段预制拼装技术
4	浅埋暗挖法
5	盾构法

主要施工方法应用情况如下：

（1）矩形顶管法

科技二路综合管廊项目西起西三环、东至丈八北路，总长度 2.62km。管廊为四舱矩形结构，分别为综合舱、电力舱、天然气舱、热力舱，截面尺寸为 13.9m×4.25m，平均覆土厚度 3.5m。

科技二路综合管廊下穿皂河，采用土压平衡式矩形顶管法施工，该段是科技二路综合管廊施工的一个关键节点，皂河埋深约 9m，管廊顶距皂河底约 3m。顶管尺寸为 7.25m×4.2m，壁厚 0.6m，底板厚 0.65m，预制管节单环长度 1.5m，双洞顶管总长为 1.5m×98 节＝147m，顶管覆土厚度约 12.5m，顶管截面尺寸及顶进深度均属西北首例。科技二路综合管廊矩形顶管法施工如图 5-2 所示。

图 5-2　科技二路综合管廊矩形顶管法施工

（2）盾构法

科技八路项目盾构段全长 1022.5m，盾构管廊沿线共设置 4 个节点井，盾构直径 6.2m，隧道结构内分为电缆通信舱、紧急逃生通道舱、天然气舱和给水及再生水舱 4 个舱。其中科技八路工艺井地处市区主干道十字交会处，交通导行压力大，地下有 110kV 高压电缆、通信、燃气等地下管线，上方有 110kV 高压架空电缆，紧邻西安利之星汽车有限公司围墙及快速通道基坑，周边环境复杂，施工难度大。项目采用"先盾后井"施工技术、竖井开挖支护及管片拆除技术、盾构穿越玻璃纤维筋围护桩施工技术等多项关键技术，克服了施工区域管线复杂、场地狭小、施工难度大等困难，顺利完成封顶任务。科技八路项目盾构施工如图 5-3 所示。

图 5-3　科技八路项目盾构施工

5.2 十堰市地下综合管廊 PPP 项目

5.2.1 工程概况

十堰市作为全国首批 10 个地下综合管廊试点城市之一，由政府方授权代表（市管线处）与社会资本合作方代表共同出资组建 PPP 项目公司，负责管廊投融资、建设、运营维护等工作。十堰市地下综合管廊 PPP 项目首期开工建设 18 条地下综合管廊，总长 51.64km（同步建设 2 个控制中心和 2 个控制分中心），其中包含 2 座管线桥、4 座山体矿山法隧道、2 处浅埋暗挖法隧道及 1 处过街盾构法隧道。服务范围 72km²，占十堰市已建成城区面积 85%，服务人口约 72 万人。管廊结构分双舱、三舱和四舱 3 种形式，最小横断面面积 21.85m²，最大横断面面积 62.95m²，入廊管线种类含给水、雨水、污水、中水、电力、通信、广播电视、燃气、热力、直饮水、真空垃圾十一类，并配有完备的消防、供电、照明、通风、排水、标识、监控与报警等附属设施。根据 4 个控制中心分布位置及控制区域，十堰市地下综合管廊 PPP 项目被划分为 4 个服务片区，具体见表 5-3。

十堰市地下综合管廊 PPP 项目片区划分一览表   表 5-3

序号	控制中心名称	包含管廊路段
1	郧阳滨江控制中心片区	建设大道辅路、建设大道、天马大道
2	建设一路控制中心片区	风神大道东段、风神大道西段、建设一路、发展大道中段、发展中段延长线
3	火箭路控制中心片区	火箭路、林荫大道中段、林荫大道南段、浙江路、龙门五路北段、北环路
4	神鹰三路控制中心片区	机场路东段、神鹰一路、神鹰三路、重庆路

5.2.2 工程重难点分析

（1）通过对十堰市地下综合管廊 PPP 项目进行深入分析，工程的重点主要如下：

1）工期

管廊施工长度共计 51.64km，总工期 24 个月。由于管廊分段施工，工期仅仅只有 8 个月，其中安阳路、风神大道（三期）、机场路东段作为先期示范性工程，工期约 2.5 个月。因此，工期紧张是本工程的一个重点。

2）交通疏解

管廊部分路段，如北京北路、公园路、大岭路等为市区主干道，人员密集，车流量大。管廊施工不可避免地会对交通造成一定影响，如何做好交通疏解工作，保障市内交通是本工程的一个重点。

3）管线迁改保护

本工程管廊施工范围广，特别是市区道路段沿线分布有电力、通信、水暖、燃气等各种市政管线，管线涉及多家产权单位，如何与管线产权单位及时沟通，完成对既有管线的迁改和保护是本工程的重点，也是保证施工顺利进行的关键。

4）防水施工

管廊作为地下结构，易受到地下水影响，做好防水可以减少对管廊内管线的侵蚀，也可以减少抽排水量，降低能耗。但是管廊有大量的主线和支线交接口、施工缝、变形缝等，如何做好这些易漏水部位的防水施工是本工程的重点。

5）安全文明施工

本工程管廊施工路段包括市区主干道、在建道路和原状丘陵地貌，施工环境复杂多变。市区主干道路段场地狭窄，周边多为居民区，人员密集，车流量大；在建道路段涉及交叉作业，协调施工难度大；原状丘陵地貌路段施工涉及山体开挖与自然环境保护。因此，如何在管廊施工中有针对性地做到安全文明施工、绿色施工和城市环境保护，是施工中必须考虑的重点。

（2）通过对十堰市地下综合管廊 PPP 项目进行深入分析，工程的难点主要如下：

1）管廊沟槽开挖深度大，基坑支护与监测是难点

根据管廊初步设计图纸，管廊沟槽开挖深度为6~8m，属深基坑，特别是市区道路段，场地狭窄，周边构（建）筑物密集，对沟槽边坡支护安全性有较高要求。因此，管廊沟槽开挖后的基坑支护与监测是本工程的一个难点。

2）穿越铁路、河流施工是难点

根据现场踏勘情况，本工程中有北京北路和风神大道综合管廊下穿既有铁路线，北京北路、大岭路和机场路中段综合管廊下穿河流，发展大道中段综合管廊穿越叶湾隧道（长402m），如图5-4所示。这些特殊路段的管廊沟槽施工不便采取简单的放坡开挖方式，因此这些特殊路段的管廊施工是本工程的难点。

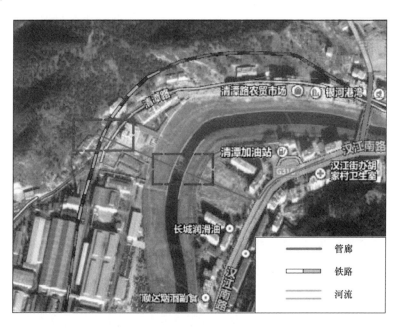

图 5-4　管廊穿越铁路与河流

3）大部分管廊沟槽开挖需要爆破，爆破施工安全控制是难点

根据现场踏勘情况，部分管廊沟槽采用普通机械开挖较为困难，需要考虑采用爆破开挖。爆破开挖施工存在飞石、噪声、振动等，安全防护要求高，对

周边环境影响较大,是本工程的难点。

4)预制管廊节段数量多,单节重量大,运输吊装是难点

根据工期安排,安阳路、机场路东段、风神大道(三期)综合管廊采用预制吊装拼接施工方案,其中安阳路管廊采用四舱型,风神大道(三期)管廊采用双舱Ⅱ型,机场路东段管廊采用双舱Ⅰ型。四舱型管廊单片长度以 2m 计,双舱型管廊单片长度以 3m 计,管廊节段数量多,单节质量大,运输及吊装难度较大,是本工程的一个难点。

5)开挖后的山体安全防护是难点

安阳路、风神大道和机场路部分路段现阶段为原状丘陵地貌,管槽开挖过程中,部分路段需要对山坡进行放坡开挖,开挖后需要进行边坡防护,防止出现滑坡、泥石流等灾害,是本工程的难点。

6)工艺复杂,安全风险较高

本工程中应用了节段预制拼装技术、叠合装配式技术、盾构法施工技术、顶管法管廊施工技术、矿山法管廊施工技术等,工艺复杂,安全风险较高。节段预制拼装管廊、叠合装配式管廊接头防水施工质量控制难度大,盾构法施工技术、顶管法管廊施工技术、矿山法管廊施工技术施工安全风险大,地质情况复杂,极易发生塌方。

5.2.3 技术应用清单

本工程在施工方法方面比较全面,有明挖现浇法、盾构法、顶管法和矿山法,管廊结构施工有节段预制拼装技术和叠合预制装配技术等,具体见表 5-4。

十堰市地下综合管廊主要施工方法一览表　　　　　表 5-4

序号	施工方法	序号	施工方法
1	明挖现浇法	6	叠合预制装配技术
2	盾构法	7	隧道内部结构分块预制装配技术
3	顶管法	8	分离式模板台车技术
4	矿山法	9	盾构隧道内部竖向分舱结构技术
5	节段预制拼装技术		

主要施工方法应用情况如下:

(1) 盾构法

十堰市地下综合管廊部分路段,如风神大道、发展大道、北京北路、机场路部分路段等不具备明挖法施工条件或穿越河道、铁路等,采用盾构法施工。北京北路盾构法管廊如图 5-5 所示。

图 5-5 北京北路盾构法管廊

(2) 矿山法

该工程首次将综合管廊与隧道结构结合,进行设计与施工。隧道最大长度为 556m,总计长度约 1.6km。管廊隧道采用微台阶环形开挖法组织施工,采用弱爆破的方式开挖,装载机配合自卸汽车出碴;及时施作初期支护,尽早施工仰拱封闭成环;利用整体式衬砌台车进行二次衬砌混凝土施工。施工中加强围岩监控量测,为支护参数的确定和调整提供依据。林荫大道管廊矿山法隧道如图 5-6 所示。

(3) 节段预制拼装技术

图 5-6　林荫大道管廊矿山法隧道

沧浪大道管廊项目位于十堰市郧阳区，起点位于大运路路口，终点至天马大道延长线，总长 4160m，其中预制段长度约 1215m。

沧浪大道预制管廊为两舱矩形结构，横断面尺寸为 7.95m×4m，其底板、外墙、顶板厚度均为 0.4m，中隔墙厚度为 0.25m。标准管节纵向长度为 1.5m，质量约 40t。管节采用 C40、P8 混凝土。沧浪大道预制管廊断面如图 5-7 所示。

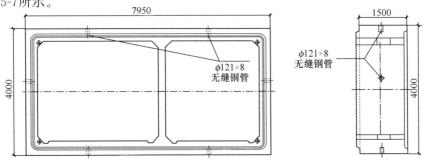

图 5-7　沧浪大道预制管廊断面图

预制管节之间采用预应力钢绞线连接方式，可保证管节的结合部分在预应力的作用下有足够的抗拉强度，全长形成一体化具有一定刚度的柔性结构。

预制管节之间采用两道橡胶制成的密封圈、一道三元乙丙密封橡胶、一道遇水膨胀密封橡胶，同时每个预制管节设置6个压浆孔，对压浆孔注水进行水压试验，以确保高水密性。

考虑到单个管节质量太大（39.2t），如果采用预埋吊环，吊环钢筋的直径太大，不利于混凝土局部受力，故设计采用的是预埋吊装孔的形式。每个标准管节设置6个吊装孔预埋件，管节顶部、底部的4个吊装孔供脱模吊装时使用，这4个吊装孔位置重心对称布置；管节侧面的2个吊装孔供翻转吊装时使用，采用的是偏心起吊，利用管节自重进行翻转，吊装孔的偏心距设计值为350mm。沧浪大道节段预制拼装管廊施工如图5-8～图5-10所示。

图 5-8　沧浪大道节段预制拼装管廊

（4）叠合预制装配技术

北环路综合管廊工程位于十堰市茅箭东城开发区，综合管廊长度2717.016m，结构形式为钢筋混凝土箱形结构。北环路综合管廊原始设计为双舱形式，后期新增燃气舱后，整体设计调整为三舱结构。新增独立燃气舱宽2.6m、高4m，底板及顶板厚0.4m，两侧墙厚0.4m，针对新增独立燃气舱进

图 5-9　沧浪大道节段预制拼装管廊吊装

图 5-10　沧浪大道节段预制拼装管廊完成效果图

行叠合结构设计，如图 5-11 所示。

　　新增独立燃气舱创新性采用现浇底板＋双侧叠合墙＋单侧叠合顶板体系。底板与双侧叠合墙采用螺旋箍筋进行连接，现浇底板预留钢筋插入双侧叠合墙预埋的螺旋箍筋内；相邻叠合墙采用销接箍筋及纵筋绑扎成钢筋笼（钢筋暗柱）后放入相邻叠合墙体交界位置进行抗剪加强，同时销接纵筋与底板采用螺旋箍筋连接；相邻叠合顶板位置设置附加钢筋进行局部加强。独立燃气舱采用每 2.5m 一个标准段进行拼装，最终完成相邻变形缝之间的整段廊体拼装及后

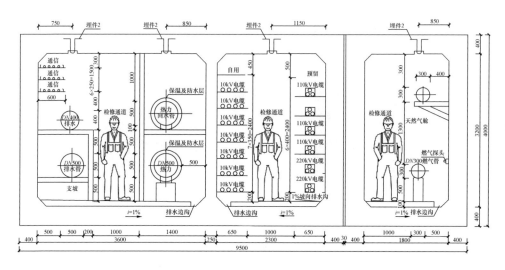

图 5-11　北环路综合管廊新增独立燃气舱后标准断面示意图

续施工。叠合结构标准断面如图 5-12 所示。

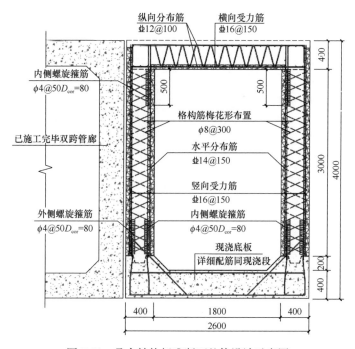

图 5-12　叠合结构标准断面整体设计示意图

双侧叠合墙组成为：90mm 厚外页墙＋220mm 厚现浇混凝土＋90mm 厚内页墙，2.5m 标准节叠合墙内、外页墙尺寸为 3m×2.5m、3.4m×2.5m。叠合顶板组成为：60mm 叠合板＋340mm 现浇混凝土，2.5m 标准节叠合顶板尺寸为 2.5m×1.86m。叠合预制装配式管廊加工及施工过程如图 5-13 所示。

图 5-13　叠合预制装配式管廊加工及施工过程

（5）隧道内部结构分块预制装配技术

该技术在十堰市地下综合管廊火箭-东环路段隧道（全长约 178m）、天津-火箭路段隧道（全长约 340m）、风神大道中段隧道（全长约 566m）、发展大道中段隧道（全长约 505m）进行了应用。

本工程管廊隧道内部结构形式为钢筋混凝土剪力墙结构，由结构底板、两堵中隔墙及结构顶板构成。此工程存在狭小空间内大量钢筋混凝土二次施工的问题。设计优化为结构底板采取现浇施工，中隔墙及结构顶板按照设计尺寸分块在预制厂内加工生产，运输至现场利用工具车进行拼装加固。本工程管廊隧道内部结构分块预制拼装施工如图 5-14 所示。

（6）分离式模板台车技术

本工程所用分离式钢模台车分为前承部和后导部两大部分，由门架系统、早拆系统、模板系统和动力系统四大系统组成。其中前承部包括门架系统、早拆系统、模板系统和动力系统，主要作为模架支撑体系及实现各功能；后导部仅包括一套门架系统，主要保证台车行进过程中的稳定。分离式钢模台车构造

图 5-14　管廊隧道内部结构分块预制拼装施工

及施工如图 5-15～图 5-18 所示。

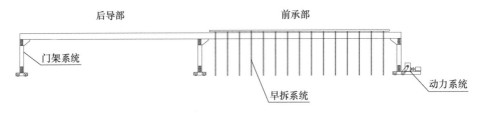

图 5-15　分离式钢模台车平面图

（7）盾构隧道内部竖向分舱结构技术

十堰市发展大道中段延长线北京北路段综合管廊过既有立交段设计为双线盾构隧道。根据设计要求，北京北路综合管廊为竖向三舱形式，故需对盾构隧道内部进行分舱处理。具体分舱结构形式为：在左线盾构隧道内设置内隔墙，将整个隧道空间分隔为两个舱室，分别为综合舱、燃气舱；右线盾构隧道未设置内隔墙，单独成为一个舱室，即热力舱。

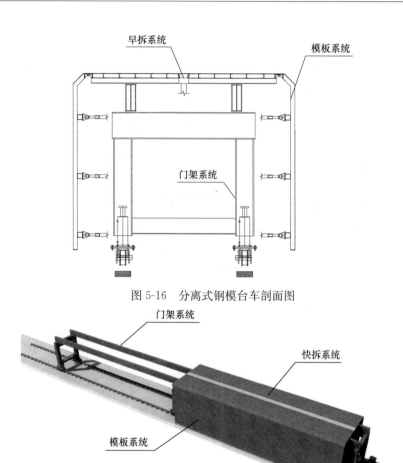

图 5-16　分离式钢模台车剖面图

图 5-17　分离式钢模台车三维图

盾构隧道分舱结构原设计为钢筋混凝土结构，但盾构隧道内部空间狭小，且本工程盾构隧道埋深17m，混凝土分舱结构在舱内二次浇筑工艺较为复杂且浇筑难度极大。因此在保证分舱结构受力性能的前提下应尽可能减少盾构隧道内混凝土浇筑量。基于上述考虑，对盾构隧道分舱结构形式进行深化设计，将原设计钢筋混凝土结构优化为框架结构，极大地减少了混凝土二次浇筑量。盾构隧道内隔墙优化设计如图 5-19 所示，施工效果如图 5-20所示。

183

图 5-18　分离式钢模台车施工现场

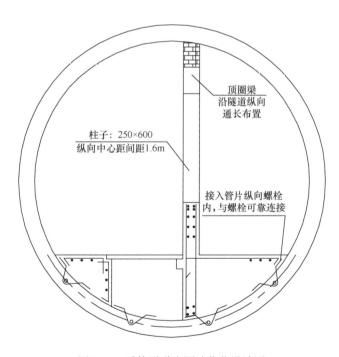

图 5-19　盾构隧道内隔墙优化设计图

图 5-20　盾构隧道内隔墙施工完毕

5.3　六盘水市地下综合管廊一期工程

5.3.1　工程概况

六盘水市是全国首批 10 个地下综合管廊试点城市之一，也是西南地区唯一一个试点城市。六盘水市地下综合管廊建设总长度 39.69km，其中老城区管廊长度 23.9km、新城区管廊长度 15.8km，项目总投资 32.64 亿元。具体建设任务为：规划在人民路、荷泉南路、红桥路、水西南路、钟山路（西段和东段）、西山路、凉都大道、龙井路、凤凰大道等道路地下建设综合管廊。

六盘水市地下综合管廊纳入了城市给水、热力、燃气、电力、电信、雨水、污水七大类管线。其中，育德路、天湖路东路为三舱管廊（电力舱、热力水信舱、天然气舱/给水舱），天湖路西路为两舱管廊（电力舱、热力水信舱），

185

内部除各类管线外，还包括综合管廊主体标准段、管线引出段、通风井、逃生口、吊装口、管廊内强弱电间、进排风机房等。管廊结构断面宽 6.9～10m、高 2.5～2.9m，结构形式均为矩形框架结构，基础形式为平板式筏板基础。六盘水市地下综合管廊断面如图 5-21 所示。

图 5-21　六盘水市地下综合管廊断面示意图

5.3.2　工程重难点分析

（1）地质情况复杂

六盘水市地下综合管廊为全国首批、西南地区唯一的管廊建设项目，中凉都大道东段管廊处于岩溶地区，管廊基坑平面尺寸为 5300m×12m，开挖深度 7～9m，其中开挖深度为 9m 的基坑占全部基坑的 1/3 以上。拟建场地位于水城盆地中部东侧，下伏基岩为石灰岩，场地内岩溶裂隙、溶沟、溶槽发育，原始地貌为岩溶盆地。在六盘水市地下综合管廊施工过程中，多种带有喀斯特地貌特性的地质结构与溶岩裂隙、软土质地基、高回填土地基给工程推进带来了严峻的挑战。

（2）周边施工环境复杂

六盘水市特有的山地地形，管廊所在位置刚好处在落差较大的低洼处六威高速公路，而六威高速公路正处于施工阶段，与六盘水市地下综合管廊施工相互交叉影响较大。

5.3.3 技术应用清单

六盘水市地下综合管廊一期工程主要施工方法见表 5-5。

六盘水市地下综合管廊一期工程主要施工方法一览表　　　表 5-5

序号	施工方法
1	明挖现浇法
2	上下分体装配式预制管廊
3	哈芬槽预埋施工技术

主要施工方法应用情况如下：

（1）上下分体装配式预制管廊

人民东路为六盘水市主要市政干道，单向 3 车道，双向共 6 个车道，道路总宽约 25m，部分路段设置绿化隔离带，其余路段采用隔离护栏。道路两侧有学校、银行、超市、居民区、办公场所等，人口密集，行人车辆出入频繁，交通压力较大。人民东路综合管廊为两舱式综合管廊，分为综合舱和燃气舱，综合舱内架设 10kV 电缆线、通信缆线和给水管道，燃气舱内架设燃气管道。

根据荷载设计要求和安全要求，考虑到生产和安装的方便、整体效益的提高，对管廊本体进行优化设计，管廊主体采用上、下分体预制施工。管廊断面尺寸为宽 7m、高 3.4m，管廊的壁厚采用顶底板 350mm、侧壁 300mm。标准段结构分体为纵向 2.4m/段，在管廊横断面中部切断，纵向连接处为了保证连接的可靠性，采用承插式接口，横断面连接处设置剪力槽结构，增加侧向的抗剪能力。标准断面结构如图 5-22 所示。

（2）哈芬槽预埋施工技术

哈芬槽是在地下综合管廊中用于固定支撑电力、电信线路水平杆件的固定件，一般设置在电力舱、热力水信舱中，六盘水市地下综合管廊哈芬槽纵向间距为 500mm。一般情况下电力舱、热力水信舱会相邻设置，这样在实际哈芬槽安装过程中会产生两种不同的安装工艺，一种是单侧哈芬槽安装，另一种是

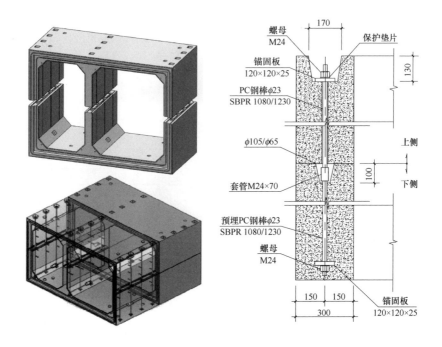

图 5-22　上下分体装配式预制管廊标准断面结构示意图

双侧哈芬槽安装。六盘水市地下综合管廊哈芬槽安装位置如图 5-23 所示,哈芬槽及支架安装成品如图 5-24 所示。

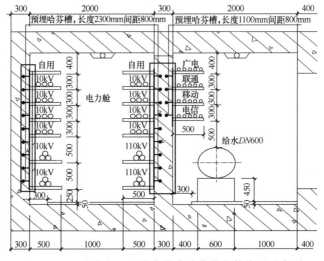

图 5-23　六盘水市地下综合管廊哈芬槽安装位置示意图

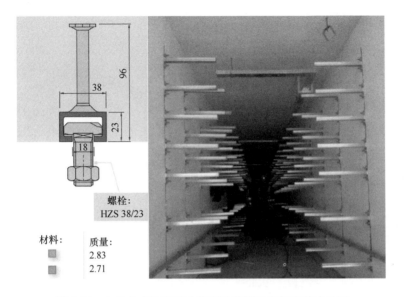

图 5-24 六盘水市地下综合管廊哈芬槽及支架安装成品图

5.4 沈阳市地下综合管廊(南运河段)工程

5.4.1 工程概况

沈阳市地下综合管廊(南运河段)起点位于南运河文体西路桥北侧绿化带,终点位于善邻路,沿砂阳路、文艺路、东滨河路、小河沿路和长安路敷设,途经南湖公园、鲁迅公园、青年公园、万柳塘公园和万泉公园,干线管廊全长约12.8km。全线设29座节点井,含20座工艺井、1座逃生井、1座出线井及7座盾构井。综合管廊主要采用盾构和明挖相结合的工法施工,综合管廊主体隧道采用双线单圆盾构形式施工。管廊内含给水、中水、天然气、电力、通信、供热六种管线,设置天然气舱、热力舱、水信舱和电力舱。标准段分舱布置如图5-25所示。

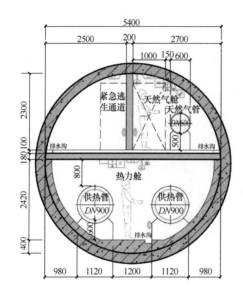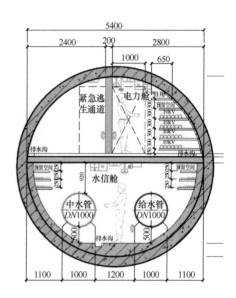

图 5-25　沈阳市地下综合管廊（南运河段）标准段分舱布置图

5.4.2　工程重难点分析

（1）盾构近接构（建）筑物较多，施工环境复杂，风险源较多

沈阳市地下综合管廊（南运河段）工程是在老城区内建设的地下综合管廊工程，全线采用盾构、明挖及暗挖相结合的工法进行施工，其中盾构区段约占全线 89％，属于长距离线性工程。全线上跨既有地铁 2 号线（运营线）和 10 号线（在建线路）、预留上跨地铁 3 号线条件、下穿南北二干线公路隧道（运营）及铁路专用线、邻近 18 座市政桥梁、侧穿或下穿 26 处建筑物、下穿 66kV 高压电塔及通信塔、下穿人防工程。全线共有一级风险源 23 处、二级风险源 170 处、三级风险源 105 处，部分近接施工如图 5-26 所示。

（2）盾构区间地质情况复杂

盾构区间主要穿越填土层、砾砂和圆砾层，最下层为泥砾层。砾砂和圆砾层中有粉质黏土和中粗砂夹层。南运河底有 1～5m 的淤泥质粉质黏土，盾构管廊最小覆土厚度约 6m，最大覆土厚度约 22m。

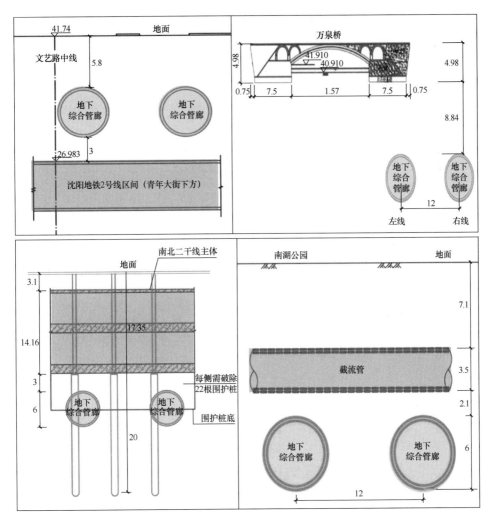

图 5-26　沈阳市地下综合管廊（南运河段）工程近接构（建）筑物（m）

5.4.3　技术应用清单

（1）沈阳市地下综合管廊（南运河段）工程是全国范围内首条在老城区施工的盾构管廊，在设计、施工阶段运用了多项新技术、新材料、新工艺、新设备。并且在设计阶段提出机器人巡检系统、预埋槽道施工技术，在消防设计方面依据规范的要求，创新思维，在廊体内设置逃生舱，将出地面的节点井设计距离由传统的 200m 扩展到 400~800m。主要施工方法见表 5-6。

沈阳市地下综合管廊（南运河段）主要施工方法一览表　　表 5-6

序号	施工方法
1	明挖现浇法
2	浅埋暗挖法
3	盾构法

主要施工方法（盾构法）应用情况如下：

综合管廊主体隧道采用双线单圆盾构形式施工，管廊结构为内径 5.4m 的盾构隧道，管廊内设置天然气舱、热力舱、水信舱和电力舱。盾构井和工艺井均采用明（盖）挖法施工。工程划分为 6 个盾构区段，采用 12 台盾构机同时掘进施工。

盾构隧道管片采用错缝拼装，环宽 1200mm，环向分 6 块，即 3 块标准块（中心角 67.5°）、2 块邻接块（中心角 67.5°）、1 块封顶块（中心角 22.5°）。管片之间采用弯螺栓连接，环向每接缝设 2 个螺栓，纵向共设 16 个螺栓（封顶块 1 个，其他各 3 个）。管片排布如图 5-27 所示。管片厚度为 300mm，管片环与环之间采用错缝拼装，在管片环面外侧设有弹性密封垫槽。环缝和纵缝均采用环向螺栓连接。管片强度等级为 C50，防水等级为 P10。盾构隧道的防水等级为二级标准，以管片混凝土自身防水、管片接缝防水、隧道与其他结构接头防水为重点，盾构隧道管片采用弹性密封垫和嵌缝两道防水并结合管片背后注浆的方式对隧道进行防水。

管廊二次结构的中隔板采用模板台车进行施工，中隔墙、柱采用定型钢模进行施工。二次结构施工如图 5-28 所示。

（2）本工程复杂、综合性强、涉及专业面广、技术含量高，本工程除推广《建筑业 10 项新技术（2010）》中的 10 大项（共 40 小项）新技术外，还对狭小空间小半径曲线管廊盾构分体始发技术、老城区复杂工况下盾构高效连续过站施工技术、超浅覆土富水砂卵石地层盾构上跨地铁施工技术、管廊先盾构后

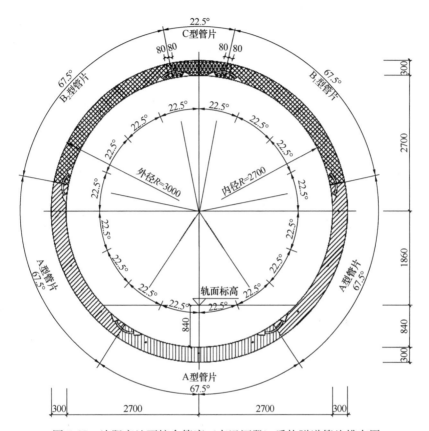

图 5-27 沈阳市地下综合管廊（南运河段）盾构隧道管片排布图

图 5-28 沈阳市地下综合管廊（南运河段）二次结构施工

竖井施工技术、管廊盾构预埋槽道技术、智能巡检机器人技术等近十项关键技术进行了科技攻关与创新，并对科技成果展开了推广和总结。主要技术应用见表5-7。

沈阳市地下综合管廊（南运河段）工程主要技术应用一览表　　表 5-7

序号	主要技术名称	序号	主要技术名称
1	管廊盾构预埋槽道技术	6	管廊先盾构后竖井施工技术
2	围护桩玻璃纤维筋施工技术	7	智能巡检机器人技术
3	狭小空间小半径曲线管廊盾构分体始发技术	8	智能化监控系统
4	老城区复杂工况下盾构高效连续过站施工技术	9	GIS 系统
5	超浅覆土富水砂卵石地层盾构上跨地铁施工技术		

主要技术应用情况如下：

1）管廊盾构预埋槽道技术

管廊工程采用预埋槽道技术具有灵活度高、空间利用率高、施工效率高、管线布局整洁有序、管线位置调整和增减简单便捷、便于运营维护和后期扩容、便于施工等优点。

2）围护桩玻璃纤维筋施工技术

在修建城市地下综合管廊的施工方法中，盾构法以其施工的高效性、安全性以及受气候条件干扰小等特点得到广泛应用。与传统的城市地铁盾构竖井相比，在围护桩的盾构机进洞位置采用玻璃纤维筋代替钢筋，这样大大减少了盾构机进洞的难度和成本，增大了盾构法施工在不利地层中的适用范围。

3）狭小空间小半径曲线管廊盾构分体始发技术

盾构管廊用于管道出线及设备安装的节点井一般尺寸为 20m×20m，不像地铁车站需要较大空间；同时本工程盾构管廊位于人口密集的老城区，用地紧张。因此，将盾构始发和接收基坑与管廊节点井相结合，前期用于盾构施工，后期作为管廊出线节点井功能。本工程将盾构井长度由盾构整体始发所需的80m以上优化为50m，变为盾构分体始发，节省工程造价。

4）老城区复杂工况下盾构高效连续过站施工技术

本工程位于沈阳市老城区中，周边老旧建筑林立，此外工程沿南运河敷设，绝大部分穿越范围位于高水位砂卵石地层中。本工程涉及 7 个盾构井和 22 个工艺井，盾构井用于始发和接收，工艺井需要过站施工。老城区复杂工况下盾构高效连续过站施工技术尚未成熟，而且本工程在一个盾构区间内还需要连续多次过站，对于盾构控制风险极大。结合本工程特点和地质情况，对比研究分析不同过站施工方法，采用了"先盾后井、全环破除——盾构逆作法"的施工技术，实现了盾构高效连续过站控制。

5）超浅覆土富水砂卵石地层盾构上跨地铁施工技术

本工程盾构上跨两处既有地铁隧道，地质条件复杂，埋深浅，施工难度大。穿越期间对已运营地铁隧道变形量要求高，如何控制地铁隧道沉降量及变形量是本工程的技术难点。施工过程中采用了地表加固、自动化监测、盾构施工参数优化等综合措施，引入既有隧道智能变形控制监测系统，完成了盾构上跨地铁安全施工。

6）管廊先盾构后竖井施工技术

城市地下综合管廊多数沿市政道路敷设，节点井占用马路及路旁绿化带，施工场地范围内市政管线众多，交通导改、管线迁改、树木改移难度大，占路时间长，影响节点井基坑与主体结构施工进展。为满足盾构机过站条件，本工程采用了"先盾构后竖井"工艺施工，即节点井围护结构施工完成后，盾构机掘进通过节点井，待区段贯通后再进行节点井开挖等后续施工。通过采用拼装管片盾构空推过节点井、钢管片、钢导台等施工技术提高了盾构过节点井效率，缩短了工期，节约成本。

7）打造城市智慧管廊

① 智能巡检机器人系统

采用智能巡检机器人系统，实现了管廊内全方位监测、运行信息反馈不间断和低成本、高效率维护的管理效果，减轻了运营管理的劳动强度、改善了劳动环境、提高了生产效率。

② 智能化监控系统

采用以智能化固定监测与移动监测为主、人工定期现场巡视为辅方式，确保管廊全方位受控，低成本、高效运行；并预留与智慧城市管理平台的接口，将数据上传至上一级管理平台。

③ GIS 系统

采用智能先进的 GIS 系统，可视化显示，智能、直观、准确。GIS 系统具有将综合管廊内部各专业管线基础数据管理、图档管理、管线拓扑维护、数据离线维护、维修与改造管理等基础数据共享的功能。

5.5 北京大兴国际机场配套综合管廊工程

5.5.1 工程概况

北京大兴国际机场永兴河北路（大广高速-磁大路）道路及综合管廊工程全长 11.93km。工程分为 7 个标段，中国建筑一局（集团）有限公司承接第五标段，位于西侧起点部位。本工程分为 3 个子单位工程：1.67km 综合管廊工程、1.62km 道路工程及 578m 桥梁工程。

明挖段综合管廊为四舱（燃气舱、水舱、水信舱、电力舱）形式，断面尺寸为 15.15m×4.70m。舱室内净高 3.5m，基础平台板厚 600mm，顶板厚 600mm，外墙厚 450mm，舱室隔墙厚 250mm。管廊标准断面如图 5-29 所示。

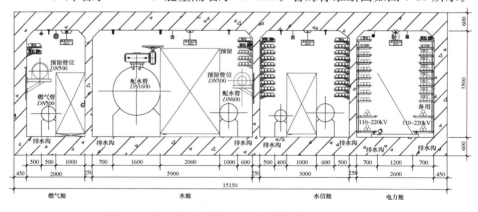

图 5-29 北京大兴国际机场配套综合管廊标准断面图

5.5.2　工程重难点分析

（1）整体工程施工组织

工程涉及综合管廊、跨线桥及市政道路，各子单位工程存在交叉制约影响，如管廊开挖与跨线桥引桥挡土墙施工交叉进而影响架桥机上桥，桥梁桩基施工与管廊基坑开挖交叉，管廊肥槽回填制约雨污水管线施工、道路施工等。

（2）下穿大广高速矩形顶管施工

矩形顶管施工工艺相对复杂，测量与监测要求高，施工组织控制难度大。

（3）管廊防水工程质量控制

管廊主体为现浇钢筋混凝土结构，25～30m 设置一道伸缩缝；管廊作为"百年工程"，常年埋设于地下（平均覆土厚度5.8m），如何保证管廊伸缩缝处防水质量将是一大技术难题。

（4）有限空间作业

因地下管廊内通风效果差、空间狭小，管廊各舱室内作业均属有限空间作业，安全风险高。

5.5.3　技术应用清单

北京大兴国际机场配套综合管廊主要施工方法见表 5-8。

北京大兴国际机场配套综合管廊主要施工方法一览表　　　　表 5-8

序号	施工方法
1	明挖现浇法
2	矩形顶管法

主要施工方法（矩形顶管法）应用情况如下：

综合管廊 K0＋420～K0＋574 段因下穿大广高速，为保证重要交通线的运输需求，结合实际地层条件和施工技术，设计采用大截面矩形混凝土顶管工法施工，顶进采用土压平衡式顶管设备。矩形顶管法管廊施工如图 5-30 所示。

图 5-30　北京大兴国际机场配套综合管廊 K0＋420～K0＋574
段矩形顶管法管廊施工

根据管廊设计断面尺寸，采用双孔顶管布置，两台顶管设备外尺寸分别为
9.1m×5.5m 和 7.0m×5.0m，双孔净距 1m，顶进长度 154m。始发井净空尺
寸为 12m×19.5m，接收井净空尺寸为 8.0m×21.5m。钢筋混凝土中隔墙厚
250mm，顶进完成后浇筑。矩形顶管法管廊平面如图 5-31 所示。

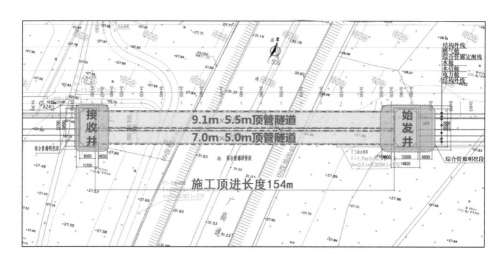

图 5-31　北京大兴国际机场配套综合管廊 K0＋420～K0＋574 段
矩形顶管法管廊平面图

5.6 西宁市综合管廊Ⅰ标段

5.6.1 工程概况

西宁市综合管廊为我国海拔最高、功能最全的城市地下综合管廊，是国内首个将雨污水管道纳入地下管廊的城市，代表了我国地下综合管廊施工领域的先进水平。西宁市综合管廊Ⅰ标段分为西川新城片区和大学城片区。西川新城片区包含五号路、五四西路，全长约 6.04km。大学城片区包括学院路和高教路，全长约 3.90km。

西宁市综合管廊分为燃气舱、电力舱、综合舱、雨水舱、污水舱。综合管廊标准断面宽度在 8.75～13.60m，高度在 3.40～5.15m。综合管廊实现所有管线全部入廊。综合管廊断面如图 5-32 所示。

图 5-32 西宁市综合管廊断面示意图

5.6.2　工程重难点分析

（1）受周围城市发展、拆迁、道路交通的制约较大。

（2）西宁市地处湿陷性黄土地区，为确保"百年工程"，对湿陷性黄土（开挖、支护）条件进行系统分析，通过试验对影响混凝土耐久性的参数进行确定，试配确定引气剂含量，施工中还应加强混凝土抗渗、抗冻、抗侵蚀的质量控制和保障措施。

5.6.3　技术应用清单

西宁市综合管廊主要施工方法见表 5-9。

表 5-9

西宁市综合管廊主要施工方法一览表

序号	施工方法
1	明挖现浇法
2	移动模架体系施工技术
3	叠合装配式管廊

主要施工方法应用情况如下：

（1）移动模架体系施工技术

西宁市综合管廊建设工程华联路至四号路项目与西宁市综合管廊建设工程Ⅰ标段项目首次应用了移动模架体系，随后在西宁市综合管廊建设工程二期Ⅱ标段项目推广使用，不仅能保证工程进度，还取得了可观的经济效益。

该工程移动模架体系施工技术分为墙体移动模架体系和顶板移动模架体系。墙体移动模架体系包括架构、支撑、操作平台、导向、提升、动力系统，顶板移动模架体系包括支撑、升降、移动系统。滑模支撑系统结构及施工如图 5-33～图 5-35 所示。

（2）叠合装配式管廊

西宁市综合管廊某区段试用了叠合板工法，如图 5-36 所示，底板采用现场浇筑，并预留好中埋式橡胶止水带，侧墙采用叠合板工艺，侧墙和顶板连接

图 5-33 滑模支撑系统结构示意图

图 5-34 滑模支撑系统及模板

图 5-35　滑模支撑系统施工

图 5-36　叠合板工法应用现场

位置由于钢筋纵横交错，无法安装止水带，故采用遇水膨胀橡胶条，接缝处外设加强层防水卷材。

5.7　绵阳科技城集中发展区核心区综合管廊工程

5.7.1　工程概况

绵阳科技城集中发展区核心区综合管廊及市政道路建设工程 PPP 项目位

于绵阳科技城核心发展区，总长 33.65km，由 4 条城市主干道、4 条装配式地下综合管廊、1 座综合管廊监控中心组成，为目前国内里程最长的装配式地下综合管廊，也是全国首创的分块预制装配式城市地下综合管廊，工程总投资81.27 亿元，其中管廊总投资 43.93 亿元，项目合作期 30 年，计划建设期 3年、计划运营期 27 年。

本工程属于规划的高密度管廊建设区，是重点建设项目。管廊建设区域内的 220kV 电力、110kV 电力、10kV 电力、通信、给水、污水（局部段入廊）、燃气、中水等市政管线将统一设计纳入管廊内，以此统筹各类市政管线的规划、建设和运营管理。管廊舱室包括 2～5 舱。监控中心是管廊项目的重要附属建筑，是整个综合管廊运行和控制的管理中心，总用地面积12100m²，包括监控大厅、机柜间、变配电间、电缆夹层以及和综合管廊连通的地下通道等。

管廊横断面设计为：净高 3.3m，宽度根据需求设置为 5.5～14.6m；电力支架宽 0.8m；人员检修通道宽度不小于 1m；高压电力舱单独设置电缆接头层；管廊自用的照明、监控、检测等设备沿管廊侧壁及顶部设置。龙界路五舱室综合管廊横断面如图 5-37 所示。

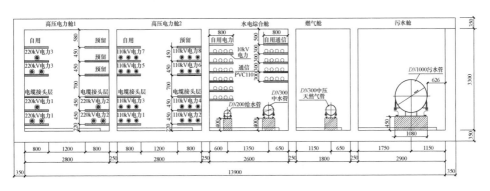

图 5-37　龙界路五舱室综合管廊横断面图

5.7.2 工程重难点分析

（1）周边环境复杂

永青路综合管廊下穿九州大道，该位置位于拟建永青路北端与教育路相交处，九州大道为东西走向，在交叉点位置根据规划需要考虑永青路及综合管廊下穿九州大道。

（2）管廊近接施工较多

创业大道西沿线综合管廊上跨绵广高速、兰成渝输油管线、高压线塔近接施工，安全风险较大。

（3）分块预制拼装防水施工质量控制是重难点

采用了分块预制拼装成套技术体系，接头部分防水施工质量控制是重难点。

5.7.3 技术应用清单

绵阳科技城集中发展区核心区综合管廊主要施工方法见表 5-10。

绵阳科技城集中发展区核心区综合管廊主要施工方法一览表　　表 5-10

序号	施工方法
1	明挖现浇法
2	分块预制拼装技术
3	浅埋暗挖法

主要施工方法应用情况如下：

（1）分块预制拼装技术

本工程综合管廊采用中建科技集团有限公司、中建装配式建筑设计研究院有限公司首创的中建分块预制装配式成套技术体系。其与传统的分段预制、叠合板预制有较大区别，该技术成型的管廊结构既具有现浇施工的灵活性，也具有预制拼装施工的工厂化生产、安装快速、绿色环保等特点。绵阳科技城集中发展区核心区综合管廊分块预制拼装结构体系如图 5-38 所示。由于单个分块预制构件相对较轻，所以该工艺不需要大型设备。此外，分块预制拼装构件的外观成型较为平整，成型质量好。

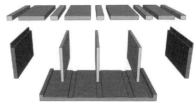

图 5-38　绵阳科技城集中发展区核心区综合管廊分块预制拼装结构体系

本工程综合管廊标准段内拆分原则：根据综合管廊结构受力特点、生产、运输、安装等条件，确定合理的拆分方式，控制构件尺寸、质量（本工程最重＜25t）。满足受力合理、方便生产建造、经济可行的原则。

1）管廊标准段及部分口部采用钢筋混凝土分块拼装结构，其余非标准段及管廊交叉口、进出线口等复杂节点采用现浇结构。

2）采用"重节点、重构造、重防水"的设计理念。

3）管廊标准段底板采用现浇结构，侧墙、内墙、顶板等构件在工厂进行预制，然后运输至现场，在现场采用灌浆套筒连接、插孔式连接和现浇节点连接等方式形成装配整体式结构。

4）管廊标准段与口部间设置变形缝，管廊标准段长度大于 30m 时设置变形缝。在特殊段（如地质情况变化大、穿越段等）变形缝的间距可适当调整。将 30m 设为一个标准段，内部每 6m 为一个标准模块，在 6m 标准模块中进行构件拆分。

（2）浅埋暗挖法

绵安第二快速通道管廊 K3＋580～K3＋640 段下穿现有绵广高速，夹角为 90°，绵广高速双向通行，总宽 24.5m，设计管廊净宽 4.85m、净高 3.3m。本段管廊采用浅埋暗挖法施工，不需要中断高速交通，对高速影响较小，且综合成本较低。浅埋暗挖方案如图 5-39 所示。

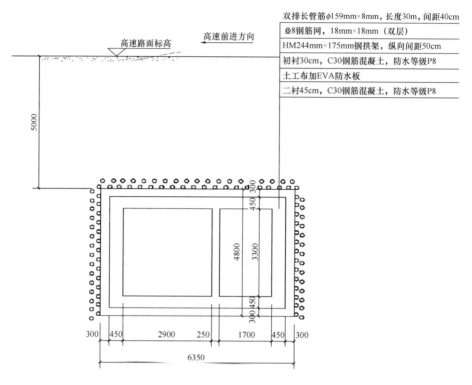

图 5-39 K3+580~K3+640 段下穿现有绵广高速浅埋暗挖方案

5.8 郑州经济技术开发区滨河国际新城综合管廊工程

5.8.1 工程概况

郑州经济技术开发区滨河国际新城综合管廊工程位于河南省郑州市区东南部，东起四港联动路，西至南四环、机场高速，北起经南八路、潮河环路、经南八北一路，南至经南十五路、经南十四路，规划总用地面积为 1047.74hm²。该管廊为河南省第一条综合管廊，纳入综合管廊的管线主要为电力、电信、给水、中水、供热管线等。综合管廊布置在经开十二大街、经南九路、经开十八大街、经南十二路。综合管廊总长 5.56km，断面尺寸以 6.55m×3.80m 和

6.35m×3.50m 为主，标准段总长度为 3.63km，端井、管线引出口、通风口、投料口、跨越地铁车站等特殊现浇段总长度为 1.93km。

5.8.2 工程重难点分析

（1）基坑深度较深，安全风险较大

本工程基础底面土方开挖的一般开挖深度为 6～10m。土质为砂性土质，透水性较好，地下水位较高，位于原地面以下 7.0～9.6m，富水季节上升 3m 左右。由于征地宽度有限，施工便道位于基坑边缘 2～7m 处；重型车辆行走于便道，对边坡产生侧压力，必须进行边坡加固。

（2）新技术应用防水质量控制是重难点

本工程采用了节段预制拼装技术和分块（片）预制拼装技术，预制拼装对防水施工质量要求较高，现场防水质量控制是重难点。

5.8.3 技术应用清单

郑州经济技术开发区滨河国际新城综合管廊主要施工方法见表 5-11。

郑州经济技术开发区滨河国际新城综合管廊主要施工方法一览表　表 5-11

序号	施工方法
1	节段预制拼装技术
2	分块预制拼装技术
3	喷涂速凝橡胶沥青防水涂料施工技术
4	综合管廊巡检机器人＋智慧线系统

主要施工方法应用情况如下：

（1）节段预制拼装技术

节段预制拼装综合管廊试验段管节采用双舱整体断面预制，尺寸为 6.55m×3.80m×1.50m。试验段综合管廊全长 106.194m，其中 91m 为标准预制断面，分 61 节进行预制安装。管廊结构形式为单箱双室，含电力舱及热力舱。预制管节结构主体采用 C40 防水混凝土，抗渗等级 P6。单根管节的理

论质量约为 26.4t。管节安装接口采用橡胶圈承插式。现场施工如图 5-40
所示。

图 5-40　节段预制拼装综合管廊现场施工

（2）分块预制拼装技术

按照设计图纸，根据每段管廊的长度确定标准节的长度，将结构进行拆
分。分块（片）预制拼装综合管廊分为底板、墙板和顶板。侧墙板与底板采用
环筋扣合连接，通过构件端部留置的竖向环形钢筋在现浇节点区域进行扣合。
内墙板与底板采用套筒灌浆连接，通过构件底部预埋的套筒和底板对应位置预
埋的直筋在套筒内进行灌浆。顶板为叠合板，与墙体采用现浇节点连接。墙体
竖向连接采用密拼方式，中间设置遇水膨胀止水条。预制段与现浇段之间设置
钢边止水带。分块预制拼装管廊构件模型如图 5-41 所示。

分块预制部分包括侧墙板、内墙板、叠合顶板等标准化一字形构件。工厂
根据预制构件钢筋图、模板图和拼装、定位、安装图进行生产制作。所有构件
均由预制构件生产基地建筑工业化流水线生产完成，运至现场后，进行装配施
工。分块预制拼装管廊构件施工如图 5-42 所示。

（3）喷涂速凝橡胶沥青防水涂料施工技术

喷涂速凝橡胶沥青防水涂料是由超细、悬浮、微乳型的改性阴离子乳化沥
青和合成高分子聚合物破乳剂（固化剂）配制而成，具有迅速凝固特征的双组
分材料。其采用先进的高压冷喷技术进行施工，通过专用双管高压喷涂设备将

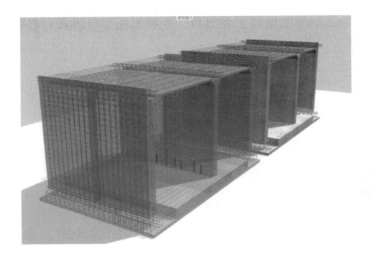

图 5-41 分块预制拼装管廊构件模型

图 5-42 分块预制拼装管廊构件施工

速凝橡胶沥青防水涂料的两组分分别通过两个枪嘴高压雾化喷出，呈扇形在枪口一定范围内交叉高速碰撞、混合，喷射到基面后在破乳剂的作用下瞬间凝聚破乳，产生凝胶反应后形成以橡胶为连续相的无缝、致密、高弹性的涂膜防水层。喷涂速凝橡胶沥青防水涂料施工如图 5-43 所示。

（4）综合管廊巡检机器人＋智慧线系统

本工程以"集约化、轻量化、低成本"为建设理念，设计并建成了综合管廊巡检机器人＋智慧线系统。该系统由三大子系统构成，分别为现场巡检机器

图 5-43 顶板和侧墙喷涂速凝橡胶沥青防水涂料施工

人数据采集系统、智慧线数据链基站与分布式监测系统和控制中心远程监控系统，具体架构如图 5-44 所示。

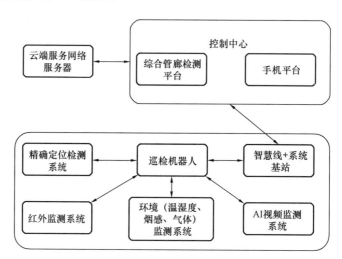

图 5-44 综合管廊巡检机器人＋智慧线系统架构图

现场巡检机器人数据采集系统通过多种机器人机载传感器和一定类型的分布式传感器、智慧线数据链基站，采集视频、远红外、特定采样数据，对机器人自身、监控系统、管线、电缆、设备运行状况及管廊结构状态实现全面的信息采集，为控制中心提供信息丰富、准确、可靠的现场实时数据。智慧线数据链基站与分布式监测系统可为全系统提供一个良好的双向信息通道来获取现场实时数据,进行实时在线感知,便于监督及指挥功能的发挥。控制中心远程监控系统是整个管廊系统的控制中心,提供良好的数据管理、存储、统计、分析、记录及报警、报警联动、远程控制和指挥调度功能,使之始终处于安全状态。巡检机器人工作现场如图5-45所示,综合管廊控制中心如图5-46所示。

图5-45 巡检机器人工作现场

图5-46 综合管廊控制中心